W0255706

Die „Ergebnisse der Mathematik" erscheinen in einzelnen Heften von
5 bis 7 Bogen Umfang. Je 5 Hefte bilden in der Reihenfolge ihres Erscheinens
einen Band.

Die auf der Innenseite der Seitenüberschriften angebrachten *kursiven*
Zahlen *[5]* sind die Seitenzahlen des B a n d e s.

Jedes Heft der „Ergebnisse" ist einzeln käuflich. Bei Verpflichtung zum
Bezug eines vollständigen Bandes tritt eine 10 %ige Preisermäßigung ein. Die
Bezieher des „Zentralblatt für Mathematik" erhalten, sofern sie sich zum Bezug
eines ganzen Bandes verpflichten, auf den ermäßigten Bandpreis einen weiteren
Nachlaß von 20 %.

Verlagsbuchhandlung Julius Springer.

ERGEBNISSE DER MATHEMATIK
UND IHRER GRENZGEBIETE
HERAUSGEGEBEN VON DER SCHRIFTLEITUNG
DES
„ZENTRALBLATT FÜR MATHEMATIK"
VIERTER BAND
———— 5 ————

GEOMETRISCHE OPTIK

VON

C. CARATHÉODORY

MIT 11 FIGUREN

BERLIN
VERLAG VON JULIUS SPRINGER
1937

ISBN-13: 978-3-642-89604-0   e-ISBN-13: 978-3-642-91460-7
DOI: 10.1007/978-3-642-91460-7

Vorwort.

Dieses Heft enthält denjenigen Teil der geometrischen Optik, der als unmittelbare Folgerung des FERMATschen und des HUYGENSschen Prinzips angesehen werden kann. Die Beschreibung der Strahlenabbildung in erster Annäherung läßt sich zwanglos in die allgemeine Theorie einordnen und wurde deshalb ebenfalls berücksichtigt. Dagegen habe ich die Theorie der Fehler dritter Ordnung, auf welcher die Berechnung der optischen Instrumente beruht, beiseite gelassen, weil ich sonst für die Grundlagen der Strahlenoptik eine viel zu knappe Darstellung hätte wählen müssen. Dieser Verzicht wurde mir aber dadurch erleichtert, daß gerade diese Dinge in klassischer Weise seit langer Zeit von K. SCHWARZSCHILD behandelt worden sind (s. Fußn. 59, S. 45). Außerdem findet man sie in allen Büchern, die der geometrischen Optik gewidmet sind, also vor allem in folgenden beiden Werken: CZAPSKI-EPPENSTEIN: Grundzüge der Theorie optischer Instrumente. 3. Aufl. Herausgegeben von H. ERFLE und H. BOEGEHOLD und M. HERZBERGER: Strahlenoptik. Da diese Bücher sehr sorgfältige und fast lückenlose Literaturverzeichnisse enthalten, konnte ich mich bei den Literaturangaben auf das Notwendigste beschränken.

Herrn G. PRANGE, der die Korrekturen dieses Heftes gelesen hat, bin ich für so zahlreiche wesentliche Verbesserungen verpflichtet, daß ich sie nicht im einzelnen anführen kann. Mein Dank gilt auch der Redaktion der „Ergebnisse" und dem Verlage, die allen meinen Wünschen entgegengekommen sind.

Oktober 1937.

C. CARATHÉODORY.

Inhaltsverzeichnis.

Einleitung.

Mit dem Anfang des XIX. Jahrhunderts beginnt sich eine Auffassung der geometrischen Optik durchzusetzen, die schon von CHR. HUYGENS (1629—1695) angebahnt (s. w. u. Fußn. 37), aber wieder ganz in Vergessenheit geraten war. Bis dahin hatte man sich nämlich begnügt, die Gesetzmäßigkeiten der Strahlenbrechung in erster Annäherung an der Achse eines rotationssymmetrischen Systems zu behandeln[1], jetzt aber wandte man sich allgemeineren Fragestellungen zu. Im Jahre 1808 sprach E. L. MALUS (1775—1812) den Satz aus, daß ein stigmatisches Lichtbündel nach einer Spiegelung oder Brechung an einer krummen Fläche in eine Normalenkongruenz verwandelt wird[2]. MALUS war der Ansicht, daß dieser Satz nur für stigmatische Lichtbündel gelte und daher beim Durchgang von Lichtstrahlen durch ein Instrument nur für die erste Spiegelung oder Brechung richtig sei. Der Satz besteht aber allgemein für beliebige Normalenkongruenzen: dies wurde für den Fall der Spiegelung im Jahre 1816 durch CH. DUPIN (1784—1873) und für den Fall der Brechung im Jahre 1825 durch L. A. J. QUETELET (1796—1874) und fast gleichzeitig durch J. D. GERGONNE (1771—1859) festgestellt[3].

Aus dem so vervollständigten Satz von MALUS können die Gesetze der Strahlenabbildung, wenn man von einer Ähnlichkeitstransformation absieht, für ein beliebiges optisches Instrument gewonnen werden (vgl. § 27). Dieser Weg ist aber sehr mühsam und eigentlich nur ein Umweg. Nichtsdestoweniger ist er gelegentlich und merkwürdigerweise sogar noch lange nach der Entdeckung eines direkten Weges benutzt worden (s. BRUNS, Fußn. 18).

Den natürlichen Zugang zu der Theorie der geometrischen Optik in ihrer vollen Allgemeinheit hat erst Sir WILLIAM ROWAN HAMILTON (1805—1865) gefunden[4]. HAMILTON soll sich schon mit dreizehn

---

[1] Vgl. M. HERZBERGER: Geschichtlicher Abriß der Strahlenoptik. Z. Instrumentenkde. Bd. 52 (1932) S. 429—435, 485—493 u. 534—542.

[2] MALUS: Optique, Dioptrique. J. École polytechn. Bd. 7 (1808) S. 1—44, 84—129. — MALUS, E. L.: Traité d'optique. Mém. prés. à l'Institut par divers savans Bd. 2 (1811) S. 214—302.

[3] Eine detaillierte Geschichte des MALUSschen Satzes mit allen nötigen Literaturangaben findet man auf S. 463 der Collected Papers von HAMILTON (siehe Fußn. 16).

[4] Die beste Einführung in die Ideenwelt HAMILTONS findet man bei G. PRANGE: W. R. Hamiltons Arbeiten zur Strahlenoptik und analytischen Mechanik. Nova Acta. Abh. Leop. Carol. Deutsche Akad. d. Naturforscher Bd. 107 Nr. 1 S. 1—35. Sehr nützlich ist auch J. L. SYNGE: Hamiltons Method in Geometrical Optics. J. Opt. Soc. Amer. Bd 27 (1937) S. 75—82.

Jahren für optische Probleme interessiert haben. Aber selbst wenn diese Überlieferung nur eine Legende sein sollte, so ist es doch erstaunlich genug, daß er vor seinem Eintritt in das Trinity College von Dublin (Juli 1823) schon an seiner ersten Arbeit über Kaustiken arbeitete[5] und daß er vor Beendigung seiner Studien seine große Arbeit „Theory of Systems of Rays" der Irischen Akademie vorlegte (April 1827). Diese seltene Begabung wurde übrigens sofort von jedermann anerkannt; noch im selben Jahre konnte HAMILTON, bevor er Zeit gehabt hatte das Schlußexamen abzulegen, mit der Professur für Astronomie betraut werden, die sein Lehrer Dr. BRINKLEY, der inzwischen zum Bischof von Cloyne ernannt worden war, innegehabt hatte[6].

Schon die erste Jugendarbeit HAMILTONS über Kaustiken enthält manche der Ideen, die ihn später berühmt machen sollten. In der „Theory of Systems of Rays", der aber erst später die bedeutenderen drei „Supplements" folgten, finden wir vor allem den Begriff der *charakteristischen Funktion*[7]. HAMILTON hatte den glücklichen Gedanken, die optische Länge eines Lichtstrahls, der einen Punkt des Objektraumes mit einem Punkt des Bildraumes verbindet, als Funktion der Lage dieser beiden Punkte anzusehen. Es stellte sich heraus, daß die partiellen Ableitungen dieser Funktion mit den Richtungen des Lichtstrahls in den betreffenden Punkten in sehr einfacher Verbindung stehen. Den wahren Grund für dieses Verhalten hat HAMILTON allerdings erst 1832 eingesehen, als er die Eigenschaften der charakteristischen Funktion auf Grund der Formel für die Variation eines Kurvenintegrals bei variablen Endpunkten ableitete[8]. Diese Formel war von J. L. LAGRANGE (1736—1813) gefunden worden[9] und L. EULER (1707—1783) hatte sie sogar für Kurvenintegrale des dreidimensialen Raumes angeschrieben, deren Integrand ein ganz allgemeiner Ausdruck ist[10], aber keiner von beiden hatte sie mit der Einfachheit und der Selbstverständlichkeit handhaben können, die erst durch HAMILTON in diese Dinge hineingetragen worden ist.

Eine zweite außerordentliche Leistung HAMILTONS bestand in der Tatsache, daß er neben der ersten charakteristischen Funktion, die er

---

[5] Diese Arbeit wurde zum erstenmal 1931 unter dem Titel „On Caustics, Part First, 1824" in den Mathem. Papers Bd. 1 S. 345—363 veröffentlicht.

[6] ROBERT PERCEVAL GRAVES: Life of Sir W. R. Hamilton including selections from his poems, correspondence and miscellaneous writings. 3 Bde. (Dublin, Trinity College 1882—1889, Dublin Univ. Press. Ser.) F. KLEIN: Vorlesungen über die Entwicklung der Mathematik im 19. Jahrhundert (Berlin, Springer 1926) Bd. I insbes. S. 182 u. ff.

[7] Mathem. Papers Bd. 1 S. 17.

[8] Ibid. S. 168.

[9] Siehe R. WOODHOUSE: A Treatise on Isoperimetrical Problems. S. 90. Cambridge 1810.

[10] EULER, L.: Instit. Calculi Integralis. S. 555. Petersburg 1770.

benutzt hatte, noch drei andere Funktionen derselben Art erfand, bei denen die Rolle der Ortskoordinaten und der Richtungskoordinaten mit Hilfe einer sog. LEGENDRESchen Transformation vertauscht wird[11].

Zwischen der Auffassung der geometrischen Optik, wie sie HAMILTON zugrunde gelegt hatte, und der Behandlung der Mechanik nach den Methoden, die LAGRANGE in seiner Mécanique Analytique entwickelt hat, ist die Verwandtschaft so groß, daß HAMILTON sämtliche Methoden, die er für die Theorie der optischen Instrumente ersonnen hatte, ohne jede Mühe auf die allgemeinsten Probleme der Mechanik übertragen konnte[12].

Für diese letzteren Arbeiten HAMILTONS interessierte sich C. G. J. JACOBI (1804—1851), der den Fortschritt gegenüber LAGRANGE sofort merkte und der die HAMILTONsche Theorie in neu geprägter Form[13] dem großen mathematischen Publikum vorlegte[14]. Die optischen Arbeiten dagegen, die HAMILTONS Ausgangspunkt gebildet hatten, wurden bis zum Schluß des 19. Jahrhunderts außerhalb Englands nicht einmal von den Spezialisten beachtet[15]. Dies hing sicherlich einmal damit zusammen, daß die *Irish Transactions*, die diese Abhandlungen enthalten, außerhalb Englands schwer zugänglich sind, vor allem aber auch damit, daß HAMILTON, bei dem immer neue Ideen hervorsprudelten, gerade in diese Arbeiten so viele verschiedene Dinge hineingepreßt hat, daß sie zum Teil sehr mühsam zu lesen sind.

Erst neuerdings ist jeder, der für Strahlenoptik Interesse hat, in der Lage, HAMILTONS Abhandlungen bequem zu studieren. Dies kann er vor allem in der monumentalen Herausgabe seiner Werke tun, die vieles Neue enthält, das aus dem Manuskript zum erstenmal gedruckt worden ist, und die mit einem ausgezeichneten Apparat von Anmer-

---

[11] Third Supplement to an Essay on the Theory of Systems of Rays, 1832 der Irish Academy vorgelegt. Mathem. Papers S. 164—293, insbes. S. 175 u. 268.

[12] HAMILTON, W. R.: On a General Method in Dynamics. Philos. Trans. Roy. Soc. London 1834 Tl. 2 S. 247—308. — Second Essay on a General Method in Dynamics. Ibid. 1835 Tl. 1 S. 95—144.

[13] Über den Gegensatz der Auffassungen JACOBIS und HAMILTONS vgl. A. W. CONWAY u. A. J. McCONNELL: On the Determination of Hamiltons Principal Function. Proc. Roy. Irish Acad. 41 Sect. A. (1932) S. 18—25.

[14] Eine vollständige und sehr genaue Darstellung dieser ganzen historischen Entwicklung findet man bei G. PRANGE: Die allgemeinen Integrationsmethoden der analytischen Mechanik. Encyklop. d. math. Wiss. mit Einschl. ihrer Anwend. IV, 12 u. 13, abgeschl. Dez. 1933 Bd. 4/2 S. 505—804, insbes. S. 593—615.

[15] Auf der Naturforscherversammlung in Halle 1891 hielt F. KLEIN unter dem Titel „Über neuere englische Arbeiten zur Mechanik" einen Vortrag, in welchem er die Bedeutung der Arbeiten HAMILTONS über Strahlenoptik ganz besonders betonte. Vgl. Jber. Deutsch. Math.-Vereinig. Bd. 1 (1891/92) oder FELIX KLEIN: Gesammelte mathematische Abhandlungen. Bd. II S. 601—602. Berlin: Julius Springer 1922. Trotz der Autorität KLEINS hatte jedoch dieser Vortrag nicht den gewünschten Erfolg.

kungen versehen ist[16] oder auch in der deutschen Übersetzung von PRANGE, die sich durch noch ausführlichere Kommentare auszeichnet[17].

Bei der allgemeinen Unbekanntheit der HAMILTONschen Arbeiten ist es nicht verwunderlich, daß seine Resultate verschiedene Male wiedergefunden worden sind. Vor allem muß man hier die Schrift von H. BRUNS (1848—1919) nennen, die auf die Weiterentwicklung der Strahlenoptik den größten Einfluß gehabt hat[18]. Außerdem wurde sie die Veranlassung, daß F. KLEIN die allgemeine Aufmerksamkeit der wissenschaftlichen Welt nochmals auf HAMILTONs Werk in der Optik lenkte[19]. Der Ansatz von BRUNS ist schwerfälliger als die ursprüngliche Methode HAMILTONS, weil er, vom MALUSschen Satz ausgehend, den ganzen Apparat der Berührungstransformationen SOPHUS LIES (1842—1899) mit sich schleppt. Andererseits hat BRUNS durch einen naheliegenden Kunstgriff, an den merkwürdigerweise HAMILTON nicht gedacht hatte, die Theorie der Strahlenabbildung in doppelter Hinsicht vereinfacht. Er hat sie erstens dadurch vereinfacht, daß er das Strahlensystem auf einen Schirm auffängt und die einzelnen Strahlen durch ihre Bestimmungsstücke beim Durchgang durch den Schirm charakterisiert. Hierdurch konnte er an Stelle der charakteristischen Funktionen HAMILTONS die Eikonale benutzen, die nur von vier Veränderlichen abhängen, während nur die eine von den vier charakteristischen Funktionen HAMILTONS als eine Funktion von vier Veränderlichen angesehen werden kann[20]. Man beachte, daß diese Anzahl der Veränderlichen nicht weiter erniedrigt werden kann, weil ja auch der Strahlenraum vierdimensional ist.

Die zweite Vereinfachung, die aber BRUNS unwillkürlich erzielt hat, rührt davon her, daß jedes einzelne aus einem beliebig vorgegebenen Eikonal entspringende Formelsystem, das zur Beschreibung der Strahlenabbildungen dient, für alle möglichen optischen Räume und bei jeder Wahl der Koordinaten brauchbar ist. Die Abbildungsformeln dagegen, die aus einer charakteristischen Funktion HAMILTONS berechnet werden, gehören immer nur einem einzigen bestimmten Problem an (vgl. § 32 u. 64).

[16] The Mathematical Papers of Sir William Rowan Hamilton. Cunningham Memoir Nr. XIII, Bd. 1, Geometrical Optics, Ed. for the Royal Irish Academy by A. W. CONWAY and J. L. SYNGE. Cambridge: University Press 1931. 4°, XXVIII u. 534 S.

[17] W. R. Hamiltons Abhandlungen zur Strahlenoptik. Übers. u. m. Anmerk. herausg. von G. PRANGE. Leipzig: Akad. Verlagsges. 1933. 429 S. u. 116 S. Anmerk.

[18] BRUNS, H.: Das Eikonal. Abh. math. phys. Cl. sächs. Akad. Wiss. Bd. 21 (1895) S. 323—436.

[19] KLEIN, F.: Über das BRUNSsche Eikonal. Z. Math. u. Phys. Bd. 46 (1901) oder Ges. math. Abh. Bd. II S. 603—606.

[20] Hierzu vergleiche man die Polemik zwischen M. HERZBERGER: On the Characteristic Function of HAMILTON, the Eiconal of BRUNS and Their Use in Optics. J. Opt. Soc. Amer. Bd. 26 (1936) S. 177—180 und J. L. SYNGE: HAMILTON's Characteristic Function and BRUNS Eiconal. Ibid. Bd. 27 (1937) S. 138—144.

Diese Resultate von BRUNS muß man also berücksichtigen, wenn man heute, nach mehr als hundert Jahren, für die HAMILTONsche Theorie eine moderne Darstellung geben will. Man muß auch noch manches andere berücksichtigen, wie z. B. die Lehre der kanonischen Transformationen, deren Anfänge man freilich bei HAMILTON selbst findet, die aber erst in den Händen von JACOBI und von S. LIE ihre systematische Durchbildung erfahren hat. Es ist ferner zweckmäßig, das Hauptergebnis der HAMILTONschen Ideen, nämlich die mathematische Äquivalenz des FERMATschen und des HUYGENSschen Prinzips auf einem Wege abzuleiten, der die Umkehrung des Weges ist, den HAMILTON benutzt hat.

Wir werden nämlich an Stelle des FERMATschen Prinzips das HUYGENSsche Prinzip als Ausgangspunkt nehmen und die Äquivalenz der beiden Sätze mit Hilfe der CAUCHYschen Charakteristikentheorie (1819) zeigen. Dies hat den Vorzug, daß der Satz von der Erhaltung der POINCARÉschen und der CARTANschen Integralinvariante, der, wie wir sehen werden, den berühmten Satz von MALUS nicht nur ersetzt, sondern geradezu vervollständigt, sich fast von selbst ergibt. Ich habe übrigens einige dieser Dinge vor zwei Jahren in meinem Buche „Variationsrechnung und partielle Differentialgleichungen erster Ordnung" (Leipzig: Teubner 1935) auseinandergesetzt und werde im folgenden dieses Buch ohne Autornamen zitieren.

Die Strahlenabbildung mit Hilfe des Eikonals und die Koppelung der einzelnen Linienelemente von optischen Räumen, zwei Probleme, die nur zu leicht und zu oft vermischt werden, habe ich, um sie deutlich voneinander zu trennen, in verschiedenen Kapiteln behandelt und hoffe hierdurch zur Klarheit der Darstellung beigetragen zu haben. Außerdem habe ich mir viel Mühe gegeben, einige Punkte zu klären, die, wenn sie auch nicht von fundamentaler Bedeutung sind, doch nicht unwichtig erscheinen. Es wird z. B. vielfach angenommen, daß jede mögliche optische Strahlenabbildung durch mindestens das eine der drei üblichen Eikonale realisierbar ist. Diese Vermutung ist indessen falsch, ich habe aber *sämtliche* Strahlenabbildungen aufgestellt, für welche sie nicht zutrifft, so daß man jetzt alle Fälle kennt, für welche eine Darstellung der Abbildung durch diese Eikonale nicht möglich ist. Auf diese Weise konnte verifiziert werden, daß diese Hypothese wenigstens für rotationssymmetrische Systeme immer richtig ist. Bei den Eikonalen dieser letzteren Systeme habe ich auch ein Glied berücksichtigt, das unbegreiflicherweise immer vergessen worden war.

Kapitel I.

Das Fermatsche und das Huygenssche Prinzip.

1. Die Entdeckung des Fermatschen Prinzips [21]. Nachdem Galileo Galilei (1564—1642) im Jahre 1609 das Fernrohr erfunden hatte, wurde die gesetzmäßige Erfassung der Brechung des Lichtes ein Gebot der Zeit, das die besten Köpfe beschäftigte [22]. Der erste, der das Brechungsgesetz auf Grund vieler Messungen durch eine geometrische Konstruktion richtig beschrieben hat, ist Willebrod Snell (1581—1626); aber das Manuskript von Snell, das Huygens noch einsehen konnte, ist verschollen, und die Tatsache, daß Snell das Brechungsgesetz entdeckt hat, wurde erst ein Jahrhundert nach dessen Tod allgemein bekannt [23]. Auf die Entwicklung der Optik hat die Entdeckung durch Snell keinen Einfluß mehr gehabt. In der Zwischenzeit hatte nämlich René Descartes (1596—1650) dasselbe Gesetz wiedergefunden und durch eine einfache mathematische Formel beschrieben, die er im Jahre 1637 bekanntgab [24]. Descartes hatte diese Formel durch eine geniale Eingebung gefunden, nämlich mit Hilfe der (später als falsch erwiesenen) Hypothese, daß bei der Änderung der Geschwindigkeit, die das Licht beim Übergang von einem Medium in das andere erleidet, die Komponente der Geschwindigkeit, die der (ebenen) Trennungsfläche parallel

---

[21] Für die historischen Einzelheiten dieses Kapitels s. auch C. Carathéodory: The beginning of research in Calculus of Variation. Osiris Bd. 2 (1937).

[22] So auch Johannes Kepler (1571—1630), der schon im August 1610 seine Dioptrik schrieb. (Vgl. M. Caspar: Bibliographia Kepleriana Nr. 40 S. 61. München: Beck 1936.)

[23] Cf. Huygens: Opuscula posthuma Bd. 1. Amstelodami 1728. Dioptrika S. 2.

[24] In dem anonym erschienenen Werk: Discours | de la Methode | pour bien conduire sa raison, et chercher | la verité dans les sciences. | Plus | la Dioptrique | les Meteores | et | la Geometrie | qui sont des essais de cette Methode. — A Leyde | De l'Imprimerie de Ian Maire | CIↃ. IↃ. CXXXVII. Avec Privilege.

Es ist lange behauptet worden, daß Descartes das Resultat von Snell gekannt und für seine Untersuchungen benutzt hat, ohne seinen Vorgänger zu erwähnen. Erst neuere Quellenforschungen des holländischen Historikers D. J. Korteweg haben erwiesen, daß diese Ansicht mit größter Wahrscheinlichkeit falsch ist [siehe D. J. Korteweg: Descartes et les manuscrits de Snellius d'après quelques documents nouveaux. Rev. Métaphys. et Morale 4e Année (1896) S. 489—501] Korteweg hat die Entdeckung des Brechungsgesetzes durch Descartes ziemlich genau datieren können und gezeigt, daß zu dieser Zeit das Manuskript von Snell, der bereits gestorben war, nicht einmal seinen besten Freunden bekannt war und erst mehrere Jahre später wiedergefunden worden ist. Vgl. auch E. Gerland: Geschichte der Physik. S. 481. München, Oldenbourg 1913.

ist, konstant bleiben muß, während die absoluten Geschwindigkeiten auf beiden Seiten dieser Fläche ein festes Verhältnis haben.

Unmittelbar nach dem Erscheinen des Buches von DESCARTES, d. h. noch im selben Jahre 1637, griff PIERRE FERMAT (1601—1665) die physikalischen Grundlagen der DESCARTESschen Theorie heftig an[25]. Es entspann sich eine Kontroverse, die jahrzehntelang dauerte und die heute nur noch bedingtes Interesse beanspruchen kann. Wir brauchen uns nur zu merken, daß FERMAT u. a. deshalb die Theorie von DESCARTES, und zwar mit Recht, ablehnte, weil bei dieser die Geschwindigkeit des Lichtes in einem dichteren Medium größer sein mußte als in der Luft.

Im Laufe der Zeit kam FERMAT auf den Gedanken, zur Begründung der Dioptrik ein *Minimumsprinzip* anzuwenden, ähnlich dem, das schon HERON VON ALEXANDRIEN (etwa 200 n. Chr.) für die Behandlung der Katoptrik (Spiegelung) benutzt hatte[26]. Bei der Spiegelung bleibt der Lichtstrahl in einem und demselben Medium und es genügte zu postulieren, daß die gewöhnliche Länge des Lichtweges möglichst klein sein sollte (vgl. jedoch den § 4). Bei der Brechung dagegen durchläuft das Licht zwei verschiedene Medien, und FERMAT schreibt nun vor, daß die Länge des Lichtstrahls, wenn man sie auf beiden Teilen mit verschiedenen Gewichten bewertet, wiederum ein Minimum liefern soll.

Diesen Gedanken hat FERMAT schon im Jahre 1657 ausgesprochen[27]. Damals stand es noch nicht fest, daß die Lichtausbreitung mit endlicher Geschwindigkeit vor sich geht, und FERMAT läßt also diese Frage offen. Er wählt aber seine Konstanten derart, daß, wenn man den Ausdruck, der zum Minimum gemacht werden soll, als Lichtzeit deutet, die Geschwindigkeit im dichteren Medium kleiner ist als im dünneren.

Unterdessen war das Brechungsgesetz von DESCARTES durch das Experiment sehr genau bestätigt worden. Da FERMAT der Ansicht war,

---

[25] Vgl. den Brief an MERSENNE vom September 1637 (Oeuvres de Fermat, Bd 2 S. 106. Paris: Gauthier-Villars 1891—1922).

[26] HERONIS ALEXANDRINI opera quae supersunt omnia, 5 Bde, Teubner, Leipzig (1899—1914), mit deutscher Übersetzung. De Speculis Bd II 1, S. 301—365. Diese Schrift, die uns nur in einer lateinischen Übersetzung des 13. Jahrhunderts erhalten ist, wurde lange dem Cl. PTOLEMAEUS zugeschrieben. Erst die Kritik des 19. Jahrhunderts hat gezeigt, daß sie auf HERON zurückgeht. Wichtig in diesem Zusammenhang ist das Zeugnis des DAMIANOS (4. Jahrh. n. Chr.) in seinem Buch *Κεφάλαια τῶν ὀπτικῶν ὑποθέσεων*, Haupttatsachen der Optik, ed. R. SCHÖNE, Griechisch und Deutsch, Berlin 1897. Im Kap. 14 S. 20 dieses Buches (auch zitiert Heronis Al. opera II, 1 S. 303) wird das Minimumsprinzip des HERON besprochen und wörtlich hinzugefügt: *Τοῦτο δὲ ἀποδείξας φησὶν ὅτι εἰ μὴ μέλλοι ἡ φύσις μάτην περιάγειν τὴν ἡμετέραν ὄψιν, πρὸς ἴσας αὐτὴν ἀνακλάσει γωνίας,* d. h.: *Am Schluß seines Beweises sagt er: Falls die Natur das Licht unserer Augen nicht unnütz herumführen soll, so muß sie es mit gleichen Winkeln* (scil. gegen die Normale des Spiegels) *zurückwerfen.* [Nach der Auffassung der griechischen Physiker geht das Licht nicht vom gesehenen Gegenstand, sondern vom Auge des Beschauers aus. Daher die Wendung «*ἡμετέρα ὄψις*».]

[27] Brief an CUREAU DE LA CHAMBRE vom August 1657 (Oeuvres Bd 2 S. 354).

daß sein Ansatz, der ja dem Descartesschen diametral entgegengesetzt ist, deshalb auch zu einem mit den Beobachtungen unverträglichen Brechungsgesetz führen mußte, hielt ihn dieser Umstand zunächst davon ab, die Folgen seines Minimumprinzips analytisch durchzurechnen[28]. Erst gegen Ende des Jahres 1661 raffte er sich, nach wiedcrholtem Drängen seiner Freunde, dazu auf und war außerordentlich überrascht, zu finden, daß sein Prinzip zu genau demselben Brechungsgesetz führt wie die Hypothese von Descartes[29].

2. Verallgemeinerung und Formulierung des Fermatschen Prinzips. Fermat hatte angenommen, daß die Geschwindigkeit der Lichtausbreitung an allen Punkten eines durchsichtigen Mediums und für alle Richtungen immer dieselbe ist. Nach den Untersuchungen von Chr. Huygens und von I. Newton (1642—1727)[30] zeigte es sich aber, daß diese Geschwindigkeit zwar von der jeweiligen Intensität des Lichtes unabhängig ist, daß sie aber von der Farbe des Lichtes und, in kristallinischen Medien, von der Richtung des Lichtstrahles abhängt. Außerdem hat man Interesse daran, auch solche Medien zu betrachten, bei denen, wie es z. B. für die Erdatmosphäre der Fall ist, die Dichte von Punkt zu Punkt wechselt. In solchen Medien ist die Lichtgeschwindigkeit v auch eine Funktion des Ortes. Bezeichnet man mit c die konstante Lichtgeschwindigkeit im Vakuum und mit v die Geschwindigkeit im betrachteten Medium, so führt man die Größe

$$n = \frac{c}{v} \qquad (2.1)$$

ein, die man den Brechungsindex nennt[31]. Im allgemeinsten Falle ist also n eine Funktion des Ortes, der Richtung und der Farbe. Wir werden aber durchgehend annehmen, daß das Licht, dessen Ausbreitung wir untersuchen, *monochromatisch* ist, so daß der Brechungsindex n nur von den geometrischen Bestimmungsstücken (Ort und Richtung) abhängen soll.

Ein Medium, für welches n nicht vom Orte abhängt, heißt *homogen*. Hängt der Brechungsindex nicht von der Richtung ab, so heißt das Medium *isotrop*.

---

[28] Vgl. die Stellen seiner Briefe in den Oeuvres Bd. 2 S. 460 u. S. 486.

[29] Brief vom Sonntag, 1. Januar 1662, an Cureau de la Chambre, Oeuvres Bd. 2 S. 457. Der diesem Briefe beigelegte Beweis findet sich in Bd. 1 S. 170, ein weiterer synthetischer Beweis, in welchem die Eigenschaft des Minimums nachgewiesen wird, ebenda S. 173.

[30] I. Newton: Opticks, or a treatise of the reflexions, refractions, inflections, and colours of light. London 1704.

[31] Die obige Definition des Brechungsindex gilt für die Undulationstheorie des Lichtes. Bei der Emissionstheorie muß man n proportional der Geschwindigkeit selbst setzen. Vgl. P. Stäckel: Elementare Dynamik der Punktsysteme und starren Körper. Encykl. d. mathem. Wiss. IV. 7 Bd. 4/1 S. 490.

3. In der Theorie der optischen Instrumente hat man fast ausschließlich den Durchgang der Lichtstrahlen durch isotrope, stückweise homogene Medien zu betrachten. Dieser Umstand hat einige Autoren dazu bewogen, bei der Behandlung der geometrischen Optik die Vektorschreibweise zu benutzen, eine Wahl der Bezeichnungsweise, die indessen nur dann zu empfehlen ist, wenn die Invarianz gegenüber starren Drehungen im Raume ausdrücklich betont werden soll. Diese Invarianz spielt aber bei der Strahlenabbildung eine ganz untergeordnete Rolle, da doch die meisten optischen Instrumente, wenn man von Prismen u. dgl. absieht, eine Symmetrieachse besitzen, deren Lage durch die Wahl der Koordinaten zweckmäßigerweise hervorgehoben werden muß. Wir werden daher im folgenden eine Achse auszeichnen und sie mit dem Buchstaben t bezeichnen — wodurch die Parallelität unserer Formeln mit denjenigen der analytischen Mechanik besonders deutlich hervortreten wird — und die Punkte des Raumes mit Hilfe dieser Variablen t und zweier weiteren Variablen x_1 und x_2 festlegen.

Wir werden öfters den Fall zu betrachten haben, daß die drei Achsen t, x_1 und x_2 ein rechtwinkliges Koordinatenkreuz bilden und daß das Medium, das wir untersuchen, isotrop, aber nicht homogen ist. Der Brechungsindex

$$n = n(t, x_1, x_2) \qquad (3.1)$$

wird dann als Funktion der drei Veränderlichen (t, x_i) erscheinen und die Zeit T, die das Licht braucht, um ein Stück der Kurve

$$x_i = x_i(t) \qquad (i = 1, 2; \quad t' < t < t'') \qquad (3.2)$$

zu beschreiben, wird durch das Integral

$$T = \int_{t'}^{t''} \frac{ds}{v} = \frac{1}{c} \int_{t'}^{t''} n(t, x_1, x_2) \sqrt{1 + \dot{x}_1^2 + \dot{x}_2^2}\, dt \qquad (3.3)$$

dargestellt. Hierbei bedeutet ds das Differential der Bogenlänge unserer Kurve und mit $\dot{x}_i$ bezeichnen wir die Ableitungen der Funktionen (3.2). Um die Richtigkeit von (3.3) zu bestätigen, muß man bedenken, daß man zu setzen hat:

$$\frac{1}{v} = \frac{n}{c}, \qquad ds^2 = dt^2 + dx_1^2 + dx_2^2. \qquad (3.4)$$

Die Funktion unter dem Integrale (3.3) wird bei unseren Überlegungen eine ganz ähnliche Rolle spielen wie die Lagrangesche Funktion bei holonomen Problemen der klassischen Mechanik. Um diese Analogie auch äußerlich auszudrücken, wollen wir die Bezeichnung einführen:

$$L(t, x_i, \dot{x}_i) = n(t, x_1, x_2) \sqrt{1 + \dot{x}_1^2 + \dot{x}_2^2}. \qquad (3.5)$$

Die Formeln, die wir ableiten werden, sind übrigens von dieser speziellen Gestalt (3.5) der Funktion $L(t, x_i, \dot{x}_i)$ unabhängig; sie bleiben für eine beliebige Gestalt der Funktion L gültig und eignen sich entsprechend ebensowohl für den Fall, daß das betrachtete Medium kristallinisch, also anisotrop ist, wie auch für den Fall, daß man in einem isotropen Medium — ja sogar auch in ·einem anisotropen — krummlinige Koordinaten benutzt und die Funktion (3.5) für solche Koordinaten umrechnet.

4. Das Fermatsche Prinzip soll jetzt für derartige allgemeine Probleme formuliert werden. Eine genaue Übertragung der Forderung, die Fermat für den speziellen Fall aufstellte, den er allein betrachtet hat, würde folgendermaßen lauten: *Es seien A und B zwei gegebene Punkte des Raumes; man betrachtet die Gesamtheit der Kurvenbögen γ, die diese Punkte verbinden und berechnet für jede dieser Kurven das Integral*

$$\int_\gamma L(t, x_i, \dot{x}_i)\, dt\,; \tag{4.1}$$

dann wird der Lichtstrahl, der A mit B verbindet, diejenige Kurve sein, für welche der Ausdruck (4.1) einen möglichst kleinen Wert besitzt.

Die Betrachtung von speziellen optischen Instrumenten hat gezeigt, daß das auf diese Weise formulierte Prinzip nicht durchweg brauchbar ist. Man kann nämlich unter Umständen Lichtstrahlen konstruieren, die durch das Instrument hindurchgehen, und auf diesen zwei Punkte A und B so wählen, daß für keine einzige Kurve γ, die diese Punkte verbindet, und die das gegebene Instrument durchdringt, das Integral (4.1) einen Minimalwert erreicht. Für die Probleme der Katoptrik waren ähnliche Erscheinungen bei krummen Spiegeln schon zur Zeit von Fermat geläufig[32]. Fermat selbst wollte diese Schwierigkeit überwinden, indem er an den Stellen, in welchen der Strahl gespiegelt wird, den krummen Spiegel durch einen ihn berührenden ebenen Spiegel ersetzte[33]. Abgesehen davon, daß dieses einen nicht leicht zu rechtfertigenden Notbehelf darstellt, würden ähnliche Konstruktionen im Falle der Brechung nicht zum gewünschten Ziele führen.

Man muß also das Prinzip von Fermat modifizieren. Als später die formale Variationsrechnung entwickelt wurde, hat man dafür vorgeschlagen, die Forderung des Minimums des Integrals (4.1) durch die Forderung des Verschwindens der ersten Variation dieses Integrals zu ersetzen, ein Vorschlag, der bis zum heutigen Tage allgemein befolgt wird. Vom rein mathematischen Standpunkt ist gar nichts gegen dieses Verfahren einzuwenden. Man erhält auf diese Weise genau alle Kurven, die als Lichtstrahlen in Betracht kommen. Die Methode besitzt aber zwei Nachteile. Erstens wird der allgemeinverständliche und elementare Be-

---

[32] Man braucht nur einen Lichtstrahl zu betrachten, der vom Mittelpunkt A eines sphärischen Hohlspiegels ausgeht und nach der Spiegelung über den Punkt A hinaus bis zu einem beliebigen Endpunkt B geführt wird. Jeder andere von A nach B führende, aus zwei geradlinigen Strecken bestehende und an der Kugel geknickte Weg hat eine kleinere Gesamtlänge.

[33] Oeuvres Bd. 2 S. 355.

griff des Minimums durch einen komplizierten und künstlichen Begriff ersetzt, da die erste Variation eines Integrals gewiß nur mit großer Mühe und vielen Worten der Anschauung nähergebracht werden kann. Der zweite Nachteil besteht darin, daß die Schlußweise, durch welche man aus der Bedingung des Verschwindens der ersten Variation die Differentialgleichungen für die Lichtstrahlen erhält, ebenfalls außerordentlich kunstvoll erscheinen muß, wenn man sie mit der erforderlichen Sorgfalt auseinandersetzen will.

Glücklicherweise stellt sich heraus, daß die Schwierigkeit, die so viel Kopfzerbrechen verursacht hat, durch eine geringfügige Modifizierung der Problemstellung behoben werden kann. FERMAT und auch alle seine Nachfolger hatten ein festes Stück eines Lichtstrahls betrachtet und alle Vergleichskurven durch die beiden Endpunkte dieses Kurvenbogens gezogen. Wenn indessen diese Endpunkte ziemlich weit voneinander entfernt sind, z. B. wenn sie auf beiden Seiten des Instruments liegen, so kann es vorkommen, daß die postulierte Minimaleigenschaft nicht vorhanden ist. Die Wahl der Endpunkte ist aber ganz willkürlich und durchaus künstlich. Man vermeidet jede Schwierigkeit, wenn man den Lichtstrahl *unbegrenzt* annimmt (wie er in Wirklichkeit ist) und die Wahl der Endpunkte *offen läßt.* Man postuliert also etwas weniger, als FERMAT es getan hat, aber etwas mehr als diejenigen, die sich mit dem Verschwinden der ersten Variation begnügen wollen: man verlangt, daß das FERMATsche Prinzip mit seinem ursprünglichen Gehalt gelten soll, wenn man auf einem gegebenen Lichtstrahl Teilbögen von beliebiger Lage betrachtet, die aber hinreichend kurz sind. So gelangt man zu folgender Formulierung des FERMATschen Prinzips:

FERMATsches Prinzip. *Eine Kurve e kann dann und nur dann mit der Bahn eines Lichtstrahls zusammenfallen, wenn jeder Punkt P von e innerer Punkt von mindestens einem Teilbogen derselben Kurve e ist, der folgende Eigenschaft besitzt: das Integral* (4.1) *genommen längs dieses Teilbogens, zwischen seinen*

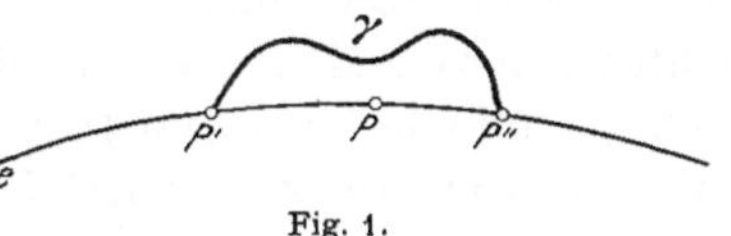

Fig. 1.

Endpunkten P' und P'', hat einen kleineren Wert als dasselbe Integral, wenn man es längs einer von e verschiedenen Kurve γ berechnet, die dieselben Endpunkte, nämlich P' und P'', besitzt und in einer gewissen engeren Nachbarschaft von e liegt.

Die letzten Worte bedeuten, daß man die Wahl der Vergleichskurve γ sehr stark einschränken darf, ohne befürchten zu müssen, daß die Kurve e aufhört, ein möglicher Lichtstrahl zu sein: man darf nämlich zwei beliebige positive Zahlen ε und η vorgeben und verlangen, daß nur solche Kurven γ zum Vergleich hinzugezogen werden, für welche die Entfernung zweier Punkte Q und Q^*, die auf e bzw. auf γ liegen und dieselbe Abszisse t besitzen, kleiner als ε ist und für welche gleichzeitig der Winkel, den die Tangenten in diesen Punkten beider Kurven einschließen, kleiner als η ist. Die Notwendigkeit von derartigen Einschränkungen, bei welchen der Wert der Zahlen ε und η nicht von vornherein vorgeschrieben ist, liegt im Wesen des [Problems, das wir behandeln wollen, begründet. Würde man die Kurve γ immer ganz beliebig lassen, oder ein für allemal feste Zahlen $\varepsilon = \varepsilon_0$ und $\eta = \eta_0$ vorgeben, so könnte es vorkommen, daß bei gewissen Lagen der Kurven, von denen man feststellen will, ob sie nach dem FERMATschen Prinzip einen Lichtstrahl darstellen, Vergleichskurven berücksichtigt werden müßten, die nicht im Felde des Instruments liegen, d. h. die von einer Blende aufgefangen werden.

5. Die Entdeckung des HUYGENSschen Prinzips. Das FERMATsche Prinzip stellt einen geometrischen Satz dar, der tatsächlich geeignet ist, die Gestalt der Lichtstrahlen, die ein optisches Instrument durchsetzen, in allen Fällen zu charakterisieren. Für die weitere Entwicklung der Optik ist es aber von Bedeutung gewesen, daß gleich von Anbeginn die Physiker durch den Gedanken, der FERMAT geleitet hatte, nicht befriedigt worden sind.

. FERMAT hatte den Satz ausgesprochen: *„La nature agit tonjours par les voies les plus courtes"* [34]. Es wurde ihm sofort geantwortet [35], daß dies ein Prinzip der Moral sei, aber kein Prinzip der Physik sein könne und daß die Natur bei der Wahl eines solchen „kürzesten Weges" gewiß manchmal auch in Verlegenheit geraten könnte. Daß auch HUYGENS, der damals in Paris lebte und mit den dortigen Gelehrten dauernd verkehrte, gleichartige Einwände gemacht hat, zeigt ein Brief aus derselben Zeit [36]. Man kann in diesem Sinne geradezu sagen, daß ganz ähnliche Ansichten wie diejenigen, die 200 Jahre später die Physiker bewogen haben, die Fernwirkungsgesetze der Elektrizität durch die FARADAY-MAXWELLsche Theorie zu ersetzen, auch HUYGENS dazu geführt haben, die Theorie des Lichtes von Grund aus wieder durchzudenken. Das Resultat war das Buch „vom Licht", das erst 1690 erschien, aber schon zwölf Jahre früher fertig geschrieben worden war [37]. Die 124 kleinen Quartseiten, die HUYGENS

---

[34] In der Katoptrik OLYMPIODORS (6. Jhrh. n. Chr.), der den HERON überarbeitet hat, findet sich der Ausspruch l. c. Fußnote 26, Bd. II 1, S. 368): $o\dot{v}\delta\dot{\varepsilon}v$ $\mu\dot{\alpha}\tau\eta\nu\ \dot{\varepsilon}\varrho\gamma\dot{\alpha}\zeta\varepsilon\tau\alpha\iota\ \dot{\eta}\ \varphi\dot{v}\sigma\iota\varsigma\ o\dot{v}\delta\dot{\varepsilon}\ \mu\alpha\tau\alpha\iota o\pi o\nu\varepsilon\tilde{\iota}$, d. h. *die Natur tut nichts Überflüssiges und auch arbeitet sie nicht unnötig.*

[35] Briefe von CLERSELIER an FERMAT vom 6. und 13. Mai 1662 (Oeuvres Bd. 2 S. 464 u. ff.).

[36] Vom 22. Juni 1662 (Oeuvres complètes de Christiaan Huygens publiées par la Société Hollandaise des Sciences Bd. 4 S. 157, Lettre 1025. La Haye: Martinus Nijhoff 1894).

[37] Traité | De la Lumiere. | Ou sont expliquées | Les causes de ce qui luy arrive | Dans la Reflexion, & dans la | Refraction. | Et particulierement | Dans l'etrange Refraction | Du Cristal d'Islande. | Par C. H. D. Z. (Chr. Huygens de Zuilyck) | Avec un Discours de la Cause | De la Pesanteur. | A Leide | Chez Pierre vander Aa, Marchand Libraire | MDCXC.

in diesem Werke der Optik gewidmet hat, enthalten im Prinzip alles, was in der Theorie der Fortpflanzung des Lichtes während der nächsten fünf Vierteljahrhunderte an Fortschritten geleistet werden sollte. Den berühmtesten Teil dieser Schrift bildet das erste Kapitel, in welchem das Phänomen des Lichtes als ein Schwingungsvorgang beschrieben und hieraus das Huygens*sche Prinzip* abgeleitet wird. Für unsere speziellen Zwecke sind die darauffolgenden Kapitel aber wichtiger: es zeigt sich nämlich, daß dieses Huygenssche Prinzip auch dann angewandt werden kann, wenn man davon absieht, die Einzelheiten des Schwingungsvorganges zu verfolgen und sich in erster Approximation damit begnügt, die Geschwindigkeit der Lichtausbreitung als Funktion des Ortes und der Richtung festzustellen[38]. In dieser Approximation decken sich inhaltlich die beiden Prinzipien von Fermat und Huygens, und man kann, wie es nach dem Vorgange von W. R. Hamilton allgemein üblich geworden ist, das Huygenssche Prinzip aus dem Fermatschen allein ableiten. Aber es ist nicht bloß eine bequeme Stütze für die Anschauung, wenn man sich von Anfang an beider Prinzipien bedient. Vielmehr kann man auf diese Weise die Rechnungen von allen Schlacken und von allen lästigen Wiederholungen befreien und ein Lehrgebäude aufstellen, das an Einfachheit und Übersichtlichkeit nicht leicht zu überbieten ist.

Wir wollen deshalb den Gedankengang von Huygens zunächst im einfachsten Falle der Kugelwellen kurz skizzieren und gewisse Folgerungen, die aus diesen Überlegungen entstehen, durch analytische Formeln ausdrücken.

6. Das Huygenssche Prinzip. Wird in einem Punkte O eines homogenen isotropen Mediums vom Brechungsindex n zur Zeit T_0 ein Lichtsignal abgegeben, so wird zur Zeit $T > T_0$ die Lichterregung an der Oberfläche einer Kugel $\varkappa_0(T)$ bemerkbar sein, die O zum Mittelpunkte hat und den Radius

$$R = \frac{c}{n}\,(T - T_0) \qquad (6.1)$$

besitzt (Fig. 2). Wir betrachten eine konvexe Fläche τ, die O in ihrem Innern enthält und ganz in $\varkappa_0(T)$ liegt, und bezeichnen mit $\varrho(P)$ den Abstand zwischen einem beliebigen Punkt P von τ und dem Punkte O. Ein Lichtsignal, das im Punkte P zur Zeit

$$T_P = T_0 + \frac{n}{c}\,\varrho(P) \qquad (6.2)$$

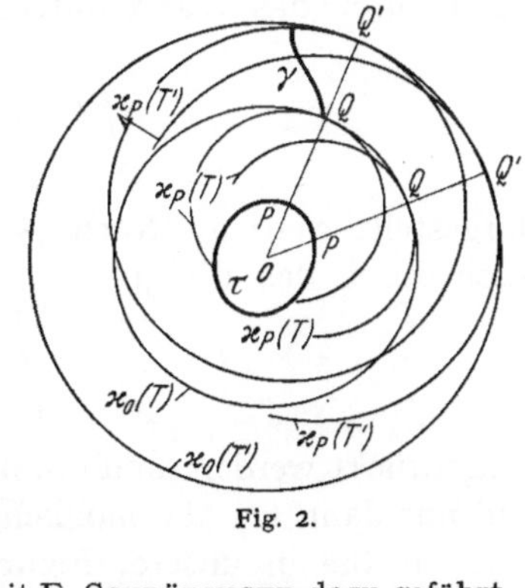

Fig. 2.

---

[38] Genau dieselbe Tatsache hat in unserer Zeit E. Schrödinger dazu geführt, die Beziehungen zwischen der klassischen Mechanik und der Wellenmechanik aufzudecken.

abgegeben wird, erzeugt eine Lichterregung, die sich zur Zeit T auf der Oberfläche einer Kugel $\varkappa_P(T)$ befindet. Diese Kugel $\varkappa_P(T)$ berührt die Kugel $\varkappa_0(T)$ im Punkte Q, in welchem der Lichtstrahl von O durch P die Kugel $\varkappa_0(T)$ trifft. Alle diese Kugeln werden von Huygens Lichtwellen genannt, und er entnimmt aus der obigen Abbildung zwei verschiedene Folgerungen.

Erstens erscheint, wenn man T festhält und den Punkt P die Fläche τ beschreiben läßt, die Lichtwelle $\varkappa_0(T)$ als Enveloppe der Lichtwellen $\varkappa_P(T)$, die durch die Lichterregung in den verschiedenen Punkten der Fläche τ erzeugt werden.

Hält man zweitens den Punkt P fest und läßt man T variieren, so beschreiben die Berührungspunkte $Q, Q' \ldots$ der Lichtwellen $\varkappa_P(T)$, $\varkappa_P(T'), \ldots$ mit ihren jeweiligen Enveloppen $\varkappa_0(T), \varkappa_0(T'), \ldots$ den Lichtstrahl, der von O aus durch P hindurchgeht.

Endlich bemerken wir, daß die Länge einer beliebigen Kurve γ, die die konzentrischen Kugeln $\varkappa_0(T)$ und $\varkappa_0(T')$ verbindet, nie kleiner sein kann als die Länge eines Lichtstrahles QQ', der diese beiden selben Kugeln miteinander verbindet.

7. Die Schar der Kugeln $\varkappa_0(T)$ kann durch eine Gleichung der Form

$$S(t, x_1, x_2) = T \tag{7.1}$$

dargestellt werden. Die zweiparametrige Schar der Lichtstrahlen durch O sind Lösungen eines Systems von Differentialgleichungen

$$\dot{x}_i = \psi_i(t, x_j) \qquad (i, j = 1, 2), \tag{7.2}$$

durch welche die Richtung des Lichtstrahls als Funktion des Ortes ausgedrückt wird. Dann wird nach (7.1) die Zeit, die das Licht braucht, um ein beliebiges Stück eines dieser Lichtstrahlen zu durchlaufen, gleich der Differenz der beiden Werte von S an seinen Endpunkten sein; sie kann durch das Kurvenintegral

$$\int_{t'}^{t''} dS = \int_{t'}^{t''} (S_t + \psi_i S_{x_i})\, dt \tag{7.3}$$

dargestellt werden. Nach (3.3) und (3.5) kann nun diese Zeit aber auch durch das Integral

$$\int_{t'}^{t''} L(t, x_j, \psi_j)\, dt \tag{7.4}$$

ausgedrückt werden, und die beiden Integrale (7.3) und (7.4) sind dann und nur dann für alle möglichen Wertepaare (t', t'') und für alle Lichtstrahlen, die in unserer Figur vorkommen, einander gleich, wenn die Identität besteht

$$L(t, x_j, \psi_j) - S_t - \psi_i S_{x_i} = 0. \tag{7.5}$$

Nach der Bemerkung am Ende des § 6 sieht man mit Hilfe einer ganz ähnlichen Schlußweise, daß man für ein beliebiges Linienelement $t, x_i, \dot{x}_i$ beständig haben muß

$$L(t, x_j, \dot{x}_j) - S_t - \dot{x}_i S_{x_i} \geqq 0. \tag{7.6}$$

8. Verallgemeinerungen. Die letzten Resultate können verschiedentlich verallgemeinert werden. Erstens können wir die Kugelwellen $\varkappa_0(T)$ durch andere Lichtwellen ersetzen. Die allgemeinsten Lichtwellen, die in einem isotropen und homogenen Medium vorkommen, erhält man durch folgende Konstruktion. Wir geben uns eine beliebige Fläche τ und setzen an Stelle von (6.2)

$$T_p = s(.\,^?), \tag{8.1}$$

wobei $s(P)$ eine beliebige stetige Funktion bedeutet. Hierauf bestimmen wir die Wellenflächen $\varkappa(T)$, die keine Kugeln mehr sind, je als Enveloppe der Kugeln $\varkappa_P(T)$, deren Mittelpunkte auf τ liegen und die den Radius

$$\frac{c}{n}(T - s(P))$$

besitzen. Es ist nicht schwer zu beweisen, daß die Relationen (7.5) und (7.6) auch auf diesen allgemeineren Fall übertragen werden können. Diese Rechnung werden wir aber nicht brauchen.

Zweitens können wir uns von der Annahme, daß das Medium homogen und isotrop sein soll, befreien. HUYGENS selbst hat in seinem Buch sowohl inhomogene Medien betrachtet, indem er die Luftrefraktion der Erdatmosphäre behandelte, als auch anisotrope Medien, nämlich den Kalkspat und die durch diesen hervorgerufene Doppelbrechung.

Um diese Verallgemeinerungen zu erhalten, werden wir aber einen neuen Weg beschreiten: wir werden nämlich versuchen, das allgemeinste System von Funktionen S, ψ_1, ψ_2 aufzustellen, für welche bei beliebig vorgegebener Funktion $L(t, x_i, \dot{x}_i)$ die Beziehungen (7.5) und (7.6) gelten. Die Lösungen der Differentialgleichungen (7.2) sind dann, vermöge des FERMATschen Prinzips, Lichtstrahlen, und es zeigt sich, daß man auf diese Weise alle möglichen Lichtstrahlen und alle möglichen Scharen von Wellenflächen erhält.

Kapitel II.

Die Grundlagen der geometrischen Optik.

9. Die Fundamentalgleichungen. Die Frage, die zuletzt aufgeworfen worden ist, soll jetzt für den Fall behandelt werden, daß die Funktion $L(t, x_i, \dot{x}_i)$ des § 3 beliebig oft differentiierbar ist. Die Behandlung von Diskontinuitätsflächen, an denen Brechung oder Spiegelung des Lichtes stattfindet, wird uns dann nachträglich keine Mühe machen (§ 23). Wir müssen also die Funktionen S, ψ_1, ψ_2 so bestimmen, daß die Relationen (7.5) und (7.6) gleichzeitig gelten. Dann muß der Ausdruck auf der linken Seite von (7.6) ein Minimum besitzen, wenn man $\dot{x}_j = \psi_j$ nimmt. Infolgedessen müssen die ersten Ableitungen dieses Ausdrucks nach den $\dot{x}_i$ fürs $\dot{x}_j = \psi_j$ verschwinden und man erhält die Gleichungen

$$S_{x_i} = L_{\dot{x}_i}(t, x_j, \psi_j) \qquad (i, j = 1, 2). \tag{9.1}$$

Mit diesen Werten der S_{x_i} kann an Stelle von (7.5) die Gleichung geschrieben werden

$$S_t = L(t, x_j, \psi_j) - \psi_i L_{\dot{x}_i}(t, x_j, \psi_j). \tag{9.2}$$

Setzt man diese Werte in die linke Seite von (7.6) ein, so erhält man eine Funktion

$$\left.\begin{aligned} E(t, x_i, \psi_i, \dot{x}_i) = L(t, x_j, \dot{x}_j) - L(t, x_j, \psi_j) \\ - (\dot{x}_i - \psi_i) L_{\dot{x}_i}(t, x_j, \psi_j), \end{aligned}\right\} \tag{9.3}$$

von der man bei allen in der Optik vorkommenden speziellen Funktionen L sehr leicht zeigen kann, daß sie *nie negativ* ist und nur dann verschwindet, wenn die Gleichungen $\dot{x}_i = \psi_i$ gelten[39].

Mit Hilfe der Gleichungen (9.1) und (9.2) kann man an Stelle von (9.3) schreiben:

$$L(t, x_i, \dot{x}_i) = S_t + S_{x_i}\dot{x}_i + E(t, x_j, \psi_j, \dot{x}_j) \tag{9.4}$$

und erhält durch Integration dieser Identität längs einer beliebigen Kurve γ von t' nach t''

$$\int_\gamma L(t, x_i, \dot{x}_i)\, dt = S'' - S' + \int_\gamma E(t, x_j, \psi_j, \dot{x}_j)\, dt. \tag{9.5}$$

Indem man beachtet, daß $E \gequnderd 0$ ist und nur für Linienelemente $(t, x_i, \dot{x}_i)$ verschwindet, die auf einer Kurve der Schar liegen, die durch Integration der Differentialgleichungen $\dot{x}_i = \psi_i$ entsteht, sieht man, daß die Kurven dieser Schar nach dem FERMATschen Prinzip Lichtstrahlen darstellen müssen.

Das Problem der geometrischen Optik ist demgemäß auf das andere zurückgeführt, Funktionen S, ψ_1 und ψ_2 zu bestimmen, für welche die „Fundamentalgleichungen" (9.1) und (9.2) gelten.

10. Berechnung der HAMILTONschen Funktion. Wenn man ψ_j als Funktionen von t, x_i, S_{x_i} aus den Gleichungen (9.1) berechnet und diese Werte in (9.2) einsetzt, so erhält man eine partielle Differentialgleichung erster Ordnung für die Funktion S. Diese Elimination ist

---

[39] Dies hängt damit zusammen, daß die sog. „Strahlenflächen der Optik" konvexe Flächen sind. Für jedes Problem der Optik ist aber die Strahlenfläche nichts anderes als die Indikatrix (oder die Maßbestimmung) des entsprechenden Problems der Variationsrechnung. Vgl. Variationsrechnung § 225.

besonders einfach, wenn man die zur LAGRANGEschen Funktion L zugeordnete HAMILTONsche Funktion H im voraus bestimmt hat[40].

Zu diesem Zwecke führen wir neue Veränderliche y_i ein, die wir
die *kanonischen Richtungskoordinaten* nennen werden und die in der
Optik dieselbe Rolle spielen wie die Impulskoordinaten in der
Mechanik. Diese Größen werden durch die beiden Gleichungen

$$y_i = L_{\dot{x}_i}(t, x_j, \dot{x}_j) \qquad (i, j = 1, 2) \tag{10.1}$$

definiert, durch deren Auflösung nach den $\dot{x}_j$ man

$$\dot{x}_j = \varphi_j(t, x_i, y_i) \qquad (i, j = 1, 2) \tag{10.2}$$

erhält. Mit diesen Funktionen setzt man an

$$H(t, x_i, y_i) = -L(t, x_j, \varphi_j) + y_1 \varphi_1 + y_2 \varphi_2 \tag{10.3}$$

und erhält die HAMILTONsche Funktion H, die also mit anderen Worten
die LEGENDREsche Transformierte von L ist. Durch partielle Differentiation von (10.3) nach t, x_i, y_i erhält man nacheinander die Identitäten

$$H_t = -L_t(t, x_j, \varphi_j), \qquad H_{x_i} = -L_{x_i}(t, x_j, \varphi_j) \qquad (i, j = 1, 2) \tag{10.4}$$

$$H_{y_i} = \varphi_i(t, x_j, y_j) = \dot{x}_i. \tag{10.5}$$

11. Für isotrope Medien ist

$$L = n(t, x_j) \sqrt{1 + \dot{x}_1^2 + \dot{x}_2^2} \tag{11.1}$$

und man hat

$$y_i = \frac{n \dot{x}_i}{\sqrt{1 + \dot{x}_1^2 + \dot{x}_2^2}}, \qquad n^2 - y_1^2 - y_2^2 = \frac{n^2}{1 + \dot{x}_1^2 + \dot{x}_2^2}, \tag{11.2}$$

$$\varphi_i = \frac{y_i}{\sqrt{n^2 - y_1^2 - y_2^2}}, \qquad H = -\sqrt{n^2 - y_1^2 - y_2^2}. \tag{11.3}$$

Es ist sehr leicht, die Gleichungen (10.4) und (10.5) in diesem
speziellen Falle direkt zu verifizieren.

12. Ableitung der Differentialgleichungen für die Lichtstrahlen.
Die Vergleichung der Gleichungen (9.1) und (9.2) mit (10.1) und (10.3)
liefert die Gleichungen

$$y_i = S_{x_i}, \qquad S_t + H(t, x_j, y_j) = 0, \tag{12.1}$$

aus denen zunächst folgt, daß die Funktion S, durch welche die Wellenflächen bestimmt werden, immer der partiellen Differentialgleichung

$$S_t + H(t, x_1, x_2, S_{x_1}, S_{x_2}) = 0 \tag{12.2}$$

genügen muß. Nach (9.1) erhält man außerdem, wenn man die For-
meln des § 10 beachtet, $\psi_i = H_{y_i}(t, x_j, S_{x_j})$, und die Lichtstrahlen, die
das System der Wellenflächen durchsetzen, sind also Lösungen der gewöhnlichen Differentialgleichungen

$$\dot{x}_i = H_{y_i}(t, x_j, S_{x_j}) \qquad (i = 1, 2). \tag{12.3}$$

---

[40] Variationsrechnung § 235.

13. Wir nehmen nun an, wir hätten auf *irgendeine* Weise eine Lösung $S(t, x_1, x_2)$ der partiellen Differentialgleichung (12.2) ermittelt, ihre Ableitungen S_{x_j} berechnet und diese in (12.3) eingesetzt. Das allgemeine Integral des Systems von Differentialgleichungen (12.3), das wir auf solche Weise erhalten, wird dann durch Gleichungen der Gestalt

$$x_i = \xi_i(t, u_k) \qquad (i, k = 1, 2) \tag{13.1}$$

dargestellt, wobei die u_k Integrationskonstanten bedeuten, die man beliebig wählen darf. Wir führen nun die neuen Funktionen ein

$$\sigma(t, u_k) = S(t, \xi_j(t, u_k)), \qquad \eta_i(t, u_k) = S_{x_i}(t, \xi_j(t, u_k)). \tag{13.2}$$

Zwischen den Funktionen (13.1) und (13.2) bestehen Identitäten, die wir aufstellen wollen.

Erstens kann man das totale Differential von σ berechnen und erhält

$$d\sigma = S_t\, dt + S_{x_j}\, d\xi_j$$

oder, wenn man (12.2), (13.1) und (13.2) berücksichtigt,

$$d\sigma = -H(t, \xi_j, \eta_j)\, dt + \eta_i\, d\xi_i. \tag{13.3}$$

Zweitens drückt sich die Tatsache, daß die ξ_i Lösungen von (12.3) sind, in den Gleichungen aus

$$\frac{\partial \xi_i}{\partial t} = H_{y_i}(t, \xi_j, \eta_j) \qquad (i = 1, 2). \tag{13.4}$$

Drittens erhält man, wenn man die zweite Gleichung (13.2) partiell nach t differentiiert,

$$\frac{\partial \eta_i}{\partial t} = S_{t x_i} + S_{x_i x_j}\frac{\partial \xi_j}{\partial t} = S_{t x_i} + S_{x_i x_j} H_{y_i}. \tag{13.5}$$

Andererseits folgt aus (12.2) durch partielle Differentiation nach x_i

$$S_{t x_i} + S_{x_j x_i} H_{y_j}(t, x_k, S_{x_k}) = -H_{x_i}(t, x_k, S_{x_k});$$

wenn man hierin für die x_k die Funktionen ξ_k einsetzt, wird die linke Seite identisch mit der rechten Seite von (13.5), und es gilt daher die Gleichung

$$\frac{\partial \eta_i}{\partial t} = -H_{x_i}(t, \xi_j, \eta_j). \tag{13.6}$$

Eine letzte Beziehung zwischen den ξ_i und den η_i erhalten wir, wenn wir die zweite Gleichung (13.2) partiell nach u_2 differentiieren und schreiben

$$\frac{\partial \eta_i}{\partial u_2} = S_{x_i x_j}\frac{\partial \xi_j}{\partial u_2}.$$

Wir multiplizieren beide Seiten dieser Gleichung mit $\partial \xi_i / \partial u_1$ und summieren über i und erhalten

$$\frac{\partial \xi_i}{\partial u_1}\frac{\partial \eta_i}{\partial u_2} = S_{x_i x_j}\frac{\partial \xi_i}{\partial u_1}\frac{\partial \xi_j}{\partial u_2}. \tag{13.7}$$

Nun bemerke man, daß die rechte Seite dieser Gleichung unverändert bleibt, wenn man i mit j und gleichzeitig u_1 mit u_2 vertauscht.

Führt man also das Zeichen ein

$$[u_1, u_2] = \frac{\partial \xi_i}{\partial u_1} \frac{\partial \eta_i}{\partial u_2} - \frac{\partial \xi_i}{\partial u_2} \frac{\partial \eta_i}{\partial u_1} = \frac{\partial(\xi_1, \eta_1)}{\partial(u_1, u_2)} + \frac{\partial(\xi_2, \eta_2)}{\partial(u_1, u_2)}, \qquad (13.8)$$

so folgt aus der letzten Bemerkung die Relation

$$[u_1, u_2] = 0. \qquad (13.9)$$

Den Ausdruck (13.8) hat LAGRANGE (1736—1813) eingeführt[41], als er seine Methode der Variation der Konstanten in der Himmelsmechanik entwickelte, und das Zeichen rührt auch von ihm her. Man nennt deshalb $[u_1, u_2]$ eine LAGRANGE*sche Klammer*.

14. Die Gleichungen (13.4) und (13.6) besagen, daß die Funktionen ξ_i, η_i Lösungen des Systems von gewöhnlichen Differentialgleichungen

$$\dot{x}_i = H_{y_i}(t, x_j, y_j), \qquad \dot{y}_i = -H_{x_i}(t, x_j, y_j) \qquad (14.1)$$

sein müssen, die man *kanonische Gleichungen* nennt. Nach dem § 10 ist die erste dieser Gleichungen äquivalent mit (10.1); mit Hilfe von (10.4) sieht man dann, daß die zweite Gleichung geschrieben werden kann:

$$\frac{d}{dt} L_{\dot{x}_i} = L_{x_i} \qquad (i = 1, 2). \qquad (14.2)$$

Das sind die EULER*schen Gleichungen* des Variationsproblems mit der Grundfunktion L. Wir sehen, daß die Lichtstrahlen, die wir als Lösungen der Differentialgleichungen (12.3) eingeführt haben, notwendig auch Lösungen dieses Systems von Differentialgleichungen zweiter Ordnung sein müssen. Es ist aber für unsere folgenden Ausführungen viel bequemer, von den kanonischen Differentialgleichungen (14.1) auszugehen, die ja den EULER*schen* Differentialgleichungen äquivalent sind.

Die Funktionen $\xi_i(t, u_j)$, $\eta_i(t, u_j)$, die zu den Lichtstrahlen gehören, welche bei einer bestimmten Lichtfortpflanzung infolge des HUYGENS-schen Prinzips entstehen, müssen noch der Bedingung (13.9) genügen. Die zweiparametrige Strahlenmannigfaltigkeit oder, wie man auch sagt, die *Strahlenkongruenz*

$$x_i = \xi_i(t, u_1, u_2)$$

ist also nicht willkürlich. Ehe wir aber Folgerungen aus der Bedingung (13.9) ziehen, müssen wir gewisse Eigenschaften der allgemeinsten Strahlenmannigfaltigkeiten untersuchen.

---

[41] LAGRANGE, J. L.: Mémoire sur la théorie générale de la variation des constantes arbitraires dans tous les problèmes de la mécanique. (1808) Oeuvres Bd. 6 S. 771—805.

15. Eigentümlichkeiten der Lösungen der kanonischen Gleichungen. Wir bezeichnen also mit

$$x_i = \xi_i(t, u_\alpha), \qquad y_i = \eta_i(t, u_\alpha) \tag{15.1}$$
$$(i = 1, 2; \quad \alpha = 1, 2, \ldots, m; \quad 2 \leq m \leq 4)$$

eine Lösung der kanonischen Differentialgleichungen, die von *beliebig vielen* Integrationskonstanten u_α abhängen. Es ist jetzt nicht mehr allgemein möglich, eine Funktion $\sigma(t, u_\alpha)$ zu finden, für welche die Gleichung (13.3) besteht, wenn man in ihre rechte Seite die Funktionen (15.1) einsetzt.

Beschränkt man sich aber auf die aus (13.3) folgende Beziehung

$$\frac{\partial \sigma}{\partial t} = -H(t, \xi_j, \eta_j) + \eta_i \frac{\partial \xi_i}{\partial t}, \tag{15.2}$$

so ist es immer möglich, durch eine Quadratur Funktionen $\omega(t, u_\alpha)$ zu bestimmen, die der Bedingung

$$\frac{\partial \omega}{\partial t} = -H(t, \xi_j, \eta_j) + \eta_i \frac{\partial \xi_i}{\partial t} \tag{15.3}$$

genügen. Die Zuordnung dieser Funktionen $\omega(t, u_\alpha)$, die übrigens nur bis auf eine willkürliche additive Funktion $W(u_\alpha)$ der Parameter definiert sind, zu der Lösung (15.1) ist für die ganze Theorie grundlegend[42].

Um die Beziehung, die an Stelle von (13.3) tritt, zu gewinnen, berechnen wir das totale Differential $d\omega$ und formen es um. Man erhält zunächst aus (15.3)

$$d\omega = \frac{\partial \omega}{\partial t} dt + \frac{\partial \omega}{\partial u_\alpha} du_\alpha = -H dt + \eta_i \frac{\partial \xi_i}{\partial t} dt + \frac{\partial \omega}{\partial u_\alpha} du_\alpha. \tag{15.4}$$

Multipliziert man beide Seiten der Gleichung

$$\frac{\partial \xi_i}{\partial t} dt + \frac{\partial \xi_i}{\partial u_\alpha} du_\alpha = d\xi_i$$

mit η_i, summiert über i und addiert man das Resultat gliedweise zu (15.4), so ergibt sich die Relation

$$d\omega = -H dt + \eta_i d\xi_i - \lambda_\alpha du_\alpha, \tag{15.5}$$

in welcher

$$\lambda_\alpha = -\frac{\partial \omega}{\partial u_\alpha} + \eta_i \frac{\partial \xi_i}{\partial u_\alpha} \tag{15.6}$$

gesetzt ist.

---

[42] Die Darstellung des Textes lehnt sich im wesentlichen an CAUCHY an (vgl. § 16 Fußnote 43). Man kann sich aber überlegen, daß unsere Funktion $\omega(t, u_\alpha)$ mit den charakteristischen Funktionen HAMILTONS (s. Einleitung) die größte Verwandtschaft hat. Führt man z. B. in die charakteristische Funktion $V(t', x_i', t, x_j)$ die Größen $x_i' = \xi_i(t', u_\alpha)$ und die Größen $x_j = \xi_j(t, u_\alpha)$ ein und ersetzt dann noch in dem Resultat der Substitution die Größe t' durch $t' = \varphi(t, u_\alpha)$, wobei φ eine willkürliche Funktion bedeutet, so erhält man eine Lösung der Gleichung (15.3).

16. Die wichtigste Tatsache unserer ganzen Theorie besteht nun in der Erkenntnis, daß die Funktionen λ_α nicht von t abhängen, d. h. daß die Größen $\partial\lambda_\alpha/\partial t$ identisch verschwinden. In der Tat ist

$$\frac{\partial\lambda_\alpha}{\partial t} = -\frac{\partial^2\omega}{\partial t\,\partial u_\alpha} + \frac{\partial\eta_i}{\partial t}\frac{\partial\xi_i}{\partial u_\alpha} + \eta_i\frac{\partial^2\xi_i}{\partial t\,\partial u_\alpha}. \tag{16.1}$$

Andererseits folgt aus (15.3) durch Differentiation nach u_α

$$\frac{\partial^2\omega}{\partial t\,\partial u_\alpha} = -H_{xi}\frac{\partial\xi_i}{\partial u_\alpha} - H_{yi}\frac{\partial\eta_i}{\partial u_\alpha} + \frac{\partial\eta_i}{\partial u_\alpha}\frac{\partial\xi_i}{\partial t} + \eta_i\frac{\partial^2\xi_i}{\partial t\,\partial u_\alpha}. \tag{16.2}$$

Da nun die ξ_i, η_i Lösungen der kanonischen Differentialgleichungen (14.1) sind, kann man in (16.2) setzen:

$$-H_{xi} = \frac{\partial\eta_i}{\partial t}, \qquad -H_{yi} = -\frac{\partial\xi_i}{\partial t} \tag{16.3}$$

und erhält

$$\frac{\partial^2\omega}{\partial t\,\partial u_\alpha} = \frac{\partial\eta_i}{\partial t}\frac{\partial\xi_i}{\partial u_\alpha} + \eta_i\frac{\partial^2\xi_i}{\partial t\,\partial u_\alpha}, \tag{16.4}$$

woraus folgt, daß die rechte Seite von (16.1) verschwindet.

Zwischen den Größen λ_α und den LAGRANGEschen Klammern des § 13 besteht eine bemerkenswerte Beziehung. Wenn wir nämlich die Gleichung (15.6) nach u_β differentiieren, so erhalten wir

$$\frac{\partial\lambda_\alpha}{\partial u_\beta} = \left[-\frac{\partial^2\omega}{\partial u_\alpha\,\partial u_\beta} + \eta_i\frac{\partial^2\xi_i}{\partial u_\alpha\,\partial u_\beta}\right] + \frac{\partial\xi_i}{\partial u_\alpha}\frac{\partial\eta_i}{\partial u_\beta}.$$

Der eingeklammerte Teil ist symmetrisch in α und β, und die Vergleichung mit (13.3) liefert

$$\frac{\partial\lambda_\alpha}{\partial u_\beta} - \frac{\partial\lambda_\beta}{\partial u_\alpha} = [u_\alpha, u_\beta]. \tag{16.5}$$

Die LAGRANGEschen Klammern $[u_\alpha, u_\beta]$ sind also ebenfalls unabhängig von t. Dieses Resultat hatte schon LAGRANGE im Jahre 1808 erhalten; die Größen λ_α oder wenigstens äquivalente Funktionen hat erst CAUCHY (1789—1857) für seine Charakteristikentheorie benutzt[43].

17. Präzisierung der Formeln, mit Hilfe der Anfangswerte. Sind die Funktionen (15.1) bekannt, so wird durch (15.3) die Funktion ω nur bis auf eine additive Funktion, die von den Parametern u_α beliebig abhängt, bestimmt. Infolgedessen sind auch die λ_α nicht eindeutig definiert und man kann die rechte Seite von (15.5) auf verschiedene Weisen normieren.

Eine sehr wichtige derartige Normierung erhält man, wenn man die Anfangswerte vorgibt, durch welche die Lösungen (15.1) eindeutig festgelegt werden.

---

[43] Bulletin des Sciences par la Société Philomatique de Paris 1819 S. 10—21. Diese wichtige Abhandlung ist in den bisher erschienenen Bänden der „Oeuvres Complètes" von CAUCHY noch nicht abgedruckt.

Wir nehmen an, daß für $t = \tau(u_\beta)$ die Gleichungen gelten

$$\xi_i(\tau(u_\beta), u_\alpha) = A_i(u_\alpha), \qquad \eta_i(\tau(u_\beta), u_\alpha) = B_i(u_\alpha). \tag{17.1}$$

Setzen wir dann $t = \tau(u_\beta)$ in (15.5) ein, so folgt mit der Bezeichnung $\omega(\tau(u_\beta), u_\alpha) = \omega_0(u_\alpha)$ die Relation

$$-H(\tau, A_j, B_j')\, d\tau + B_i\, dA_i = d\omega_0 + \lambda_\alpha\, du_\alpha. \tag{17.2}$$

Hier haben wir benutzt, daß die λ_α nicht von t abhängen. Wir führen jetzt die Bezeichnung ein

$$\Omega(t, u_\alpha) = \omega(t, u_\alpha) - \omega_0(u_\alpha) \tag{17.3}$$

und erhalten, wenn wir (17.2) gliedweise von (15.5) abziehen:

$$d\Omega = -H(t, \xi_j, \eta_j)\, dt + \eta_i\, d\xi_i - (-H(\tau, A_j, B_j)\, d\tau + B_i\, dA_i). \tag{17.4}$$

Selbstverständlich ist diese Relation nur eine spezielle Form der Gleichung (15.5). Die Funktion Ω ist diejenige Lösung der Differentialgleichung (15.3), für welche

$$\Omega(\tau(u_\beta), u_\alpha) = 0 \tag{17.5}$$

ist; für die λ_α müssen wir hier schreiben

$$\lambda_\alpha = -H(\tau, A_j, B_j)\frac{\partial\tau}{\partial u_\alpha} + B_i\frac{\partial A_i}{\partial u_\alpha}. \tag{17.6}$$

Berechnet man aus der Gleichung (16.5) die LAGRANGEschen Klammern $[u_\alpha, u_\beta]$, so findet man, wenn man noch die Bezeichnungen

$$H_{x_i}(\tau, A_i, B_i) = H^0_{x_i}, \qquad H_{y_i}(\tau, A_i, B_i) = H^0_{y_i} \tag{17.7}$$

benutzt,

$$[u_\alpha, u_\beta] = \sum_{i=1}^{2} - H^0_{x_i}\frac{\partial(\tau, A_i)}{\partial(u_\alpha, u_\beta)} + H^0_{y_i}\frac{\partial(B_i, \tau)}{\partial(u_\alpha, u_\beta)} + \frac{\partial(A_i, B_i)}{\partial(u_\alpha, u_\beta)}. \tag{17.8}$$

18. Bestimmung der Wellenflächen bei gegebenen Anfangswerten.

Es ist jetzt sehr leicht, die Fragestellung, die wir im § 8 für homogene isotrope Medien durch eine geometrische Konstruktion behandelt haben, ganz allgemein zu beantworten. Es handelt sich darum, eine Lösung der partiellen Differentialgleichung (12.2) zu finden, die auf der Fläche

$$t = \tau(u_1, u_2), \qquad x_i = A_i(u_1, u_2) \qquad (i = 1, 2) \tag{18.1}$$

die Anfangswerte

$$S(\tau(u_j), A_i(u_j)) = s(u_1, u_2) \tag{18.2}$$

annimmt. Zunächst haben wir die Anfangswerte $B_i(u_j)$ der Funktionen η_i des § 13 zu bestimmen. Dazu bemerken wir, daß man nach (13.3) und (18.2) jedenfalls haben muß

$$\frac{\partial s}{\partial u_i} = -H(\tau, A_j, B_j)\frac{\partial\tau}{\partial u_i} + B_k\frac{\partial A_k}{\partial u_i}. \tag{18.3}$$

Das sind zwei Gleichungen, aus denen man (§ 19) die $B_i(u_j)$ berechnen kann. Wir integrieren alsdann die kanonischen Gleichungen (14.1) mit diesen Anfangswerten und bestimmen aus (15.3) die Funktion $\Omega(t, u_1, u_2)$ durch eine Quadratur; wegen der Bedingung (17.5) ist Ω eindeutig bestimmt. Aus (18.3) folgt dann, daß die Klammer auf der rechten Seite von (17.4) gleich ds sein muß. Setzt man also

$$\sigma(t, u_1, u_2) = \Omega(t, u_1, u_2) + s(u_1, u_2), \qquad (18.4)$$

so erhält man die Gleichung

$$-H(t, \xi_j, \eta_j)\, dt + \eta_i\, d\xi_i = d\sigma, \qquad (18.5)$$

die mit (13.3) identisch ist.

Aus den Gleichungen

$$x_i = \xi_i(t, u_j) \qquad (i, j = 1, 2) \qquad (18.6)$$

berechnen wir die u_j und erhalten

$$u_j = \chi_j(t, x_i). \qquad (18.7)$$

Ferner setzen wir

$$S(t, x_i) = \sigma(t, \chi_j(t, x_i)), \qquad Y_i = \eta_i(t, \chi_j(t, x_k)) \qquad (18.8)$$

und erhalten aus (18.5)

$$-H(t, x_j, Y_j)\, dt + Y_i\, dx_i = dS. \qquad (18.9)$$

Diese Relation zeigt, daß S der partiellen Differentialgleichung (12.2) genügt, denn man hat

$$S_{x_i} = Y_i, \qquad S_t = -H(t, x_j, Y_j). \qquad (18.10)$$

Ferner besitzt S die gewünschten Anfangswerte. Aus (18.6) und (18.7) folgt nämlich die Identität $\chi_j(t, \xi_i(t, u_\varkappa)) \equiv u_j$, so daß man an Stelle der ersten Gleichung (18.8) schreiben kann

$$S(t, \xi_i(t, u_j)) = \sigma(t, u_j).$$

Setzt man aber in diese Gleichung $t = \tau(u_j)$, so folgt aus (17.5), (17.1) und aus (18.4) die Gleichung (18.2), die es zu verifizieren galt.

19. Die Bedingung dafür, daß man aus den Gleichungen (18.3) die B_j als eindeutige Funktionen der Parameter u_i berechnen kann, erhält man, indem man schreibt, daß die Funktionaldeterminante zweiter Ordnung

$$\left| -H^0_{y_i}\frac{\partial \tau}{\partial u_j} + \frac{\partial A_i}{\partial u_j} \right| \neq 0 \qquad (19.1)$$

ist. Nun ist aber nach (17.1)

$$\frac{\partial A_i}{\partial u_j} = \frac{\partial \xi_i}{\partial t}\frac{\partial \tau}{\partial u_j} + \frac{\partial \xi_i}{\partial u_j}\bigg|_{t=\tau},$$

so daß die Bedingung (19.1) gleichbedeutend ist mit der Relation

$$\left| \frac{\partial \xi_i}{\partial u_j}\bigg|_{t=\tau} \right| \neq 0, \qquad (19.2)$$

aus welcher die Auflösbarkeit der Gleichungen (18.6) nach den u_j folgt. Die beiden übereinstimmenden Relationen (19.1) und (19.2) können auch mit Hilfe einer dreireihigen Determinante geschrieben werden:

$$\begin{vmatrix} 1, & \dfrac{\partial \xi_i}{\partial t} \\[2mm] \dfrac{\partial \tau}{\partial u_j}, & \dfrac{\partial A_i}{\partial u_j} \end{vmatrix}_{t=\tau} \neq 0. \qquad (19.3)$$

Diese letzte Relation ist sehr leicht geometrisch zu interpretieren; sie besagt, daß die Lichtstrahlen, die die Figur durchsetzen, die Fläche (18.1) nicht berühren sollen.

20. Ist eine einzelne (im übrigen beliebige) Lösung der kanonischen Differentialgleichungen (14.1) gegeben, die die Fläche (18.1) durchsetzt und nicht berührt, so kann man auf unendlich viele Weisen Funktionen $s(u_1, u_2)$ angeben, so daß bei der Rechnung des § 18, diese vorgegebene Lösung in der Figur, die wir dort konstruiert haben, enthalten ist. *Man schließt hieraus, daß jede derartige Lösung ein möglicher Lichtstrahl ist, für den das* FERMAT*sche Prinzip gilt*[44].

21. Optische Äquidistanz. Feldartige Gebilde. Wie kann man alle diese Formeln geometrisch deuten? Im § 13 hatten wir eine Schar von Wellenflächen $S(t, x_i) = \text{const}$ und die zweiparametrige Schar von Lichtstrahlen $x_i = \xi_i(t, u_k)$, die diese Wellenflächen durchsetzen. Die Normale zu den Wellenflächen hat die Richtung eines Vektors mit den Komponenten

$$S_t, S_{x_1}, S_{x_2}, \qquad (21.1)$$

und da S eine Lösung der partiellen Differentialgleichung (12.2) sein muß, ist die Richtung des Normalenvektors eindeutig bestimmt, wenn man die S_{x_i} kennt. Die Tangente an den Lichtstrahl, der die Wellenfläche durchsetzt, hat die Richtung des Vektors

$$1, \ \frac{\partial \xi_1}{\partial t}, \ \frac{\partial \xi_2}{\partial t}, \qquad (21.2)$$

und es gelten die Gleichungen (13.4) mit $\eta_i = S_{x_i}$. Jedesmal, wenn dies für eine Fläche und einen Strahl der Fall ist, sagt man, daß die Wellenflächen den Lichtstrahl *transversal* schneiden.

Ist das Medium isotrop, so folgt aus den Formeln des § 11, daß eine Fläche einen Lichtstrahl transversal schneidet, wenn die Vektoren (21.1) und (21.2) dieselbe Richtung haben, d. h. wenn die Fläche durch den Strahl *orthogonal* durchsetzt wird.

Nach der Gleichung (9.5) ist die optische Länge auf irgendeinem Lichtstrahl, der in allen seinen Punkten durch die Wellenflächen trans-

---

[44] Der umgekehrte Schluß, für den Beweis, daß jeder mögliche Lichtstrahl, d. h. daß jede Kurve, für welche das FERMATsche Prinzip gilt, eine Lösung der kanonischen Gleichungen sein muß, ist ein wenig komplizierter. (Vgl. Variationsrechnung § 245.)

versal geschnitten wird, gleich der Differenz der Werte von S an seinen Endpunkten; denn längs eines solchen Strahls ist E beständig gleich Null. Diese optische Länge bleibt also konstant, wenn die Endpunkte auf zwei festen Wellenflächen gleiten. Die Flächen der Schar $S(t, x_i)$ = const heißen deshalb *optisch äquidistant*. Ist das Medium nicht nur isotrop, sondern auch homogen, so sind diese Flächen auch im gewöhnlichen Sinne äquidistant[45].

Für die zweiparametrige Strahlenmannigfaltigkeit (13.1) ist die LAGRANGEsche Klammer (13.9) identisch gleich Null. Jede Strahlenmannigfaltigkeit, für welche dies stattfindet, soll eine *feldartige* Mannigfaltigkeit genannt werden. In der Umgebung eines Punktes, in welchem für eine gegebene feldartige Mannigfaltigkeit die Relation (19.2) gilt, wird der Raum (t, x_1, x_2) durch die Lichtstrahlen einfach überdeckt. Außerdem folgt aus $[u_1, u_2] = 0$, daß in (17.2) der Ausdruck $\lambda_1 d u_1 + \lambda_2 d u_2$ ein vollständiges Differential ist. Man kann infolgedessen nach der Methode des § 19 Lösungen $S(t, x_i)$ der partiellen Differentialgleichung (12.2) bestimmen, die die Strahlen unserer Mannigfaltigkeit transversal schneiden. Man sagt in diesem Falle, daß die Strahlenmannigfaltigkeit ein *Feld* bildet.

Verfolgt man längs eines einzelnen Strahles einer feldartigen Mannigfaltigkeit die Werte der Funktionaldeterminante

$$\frac{\partial(\xi_1, \xi_2)}{\partial(u_1, u_2)},$$

so bilden die Punkte, in denen diese Determinante verschwindet, die einzigen Ausnahmestellen, in deren Umgebung das *feldartige Gebilde* nicht auch als *Feld* angesehen werden kann.

Man kann beweisen, daß diese Ausnahmestellen auf jedem einzelnen Strahl *isoliert* liegen. Doch will ich hier auf diese Frage nicht eingehen, da ich sie vor kurzem sehr ausführlich behandelt habe[46].

Unter den feldartigen Gebilden müssen diejenigen hervorgehoben werden, die aus allen Lichtstrahlen bestehen, die durch einen festen Punkt t^0, x_i^0 hindurchgehen. Diese Strahlenmannigfaltigkeiten werden *stigmatische*[47] oder auch *ausgezeichnete feldartige Mannigfaltigkeiten* genannt. Daß diese Mannigfaltigkeiten feldartig sind, folgt unmittelbar aus der Tatsache, daß für $t = t_0$ die Ableitungen $\partial \xi_i / \partial u_j$ verschwinden und infolgedessen $[u_1, u_2] = 0$ sein muß. Die Lichtwellen $S(t, x_j) = $ const sind hier gerade die „optischen" Kugeln, die HUYGENS benutzt hat (§ 6).

---

[45] Die optische Äquidistanz der Wellenflächen entspricht der „geodätischen Äquidistanz", der man in der Variationsrechnung begegnet. (Vgl. Variationsrechnung § 298).

[46] Variationsrechnung §§ 313—327.

[47] An Stelle des Wortes *stigmatisch* findet man oft, besonders in älteren Schriften über Optik die Bezeichnung *anastigmatisch*, die überflüssigerweise eine doppelte Negation enthält.

Eine weitere wichtige Klasse von feldartigen Gebilden erhält man, wenn man in den Formeln des § 17 die Funktionen τ, B_1, B_2 konstant nimmt. In homogenen Medien werden nämlich dann die Wellenflächen eben und das Licht besteht aus parallelen Lichtstrahlen.

Das Hauptresultat, zu dem wir geführt worden sind, besteht in einer Umkehrung des Resultats des § 13: *Jede feldartige Kongruenz von Lichtstrahlen stellt nach dem* HUYGENS*schen Prinzip mögliche Bahnen der Fortpflanzung des Lichtes dar.*

22. Einführung beliebiger krummliniger Koordinaten. Bei manchen Problemen ist es praktisch, krummlinige Koordinaten, die durch die Gleichungen

$$t = t(t', x_j'), \quad x_i = x_i(t', x_j') \quad (i, j = 1, 2) \tag{22.1}$$

definiert werden, zu benutzen. Es ist nicht schwer, die neue LAGRANGE-sche Funktion $L'(t', x_i', dx_i'/dt')$ direkt zu berechnen. Die Rechnung wird aber einfacher, wenn man zuerst die Transformierte $H'(t', x_i', y_i')$ der HAMILTONschen Funktion aufstellt. Man braucht nämlich nur zu benutzen, daß durch Einsetzen der Funktionen (22.1) in eine Lösung $S(t, x_j)$ der HAMILTON-JACOBIschen partiellen Differentialgleichung (12.2) notwendig eine Lösung $S'(t', x_j')$ der transformierten partiellen Differentialgleichung entstehen muß. Vermöge der Gleichungen (22.1) ist also $dS = dS'$ und daher auch

$$-H' dt' + y_j' dx_j' = -H dt + y_i dx_i. \tag{22.2}$$

Diese letzte Gleichung ist dem folgenden System äquivalent:

$$y_j' = -H(t, x_k, y_k)\frac{\partial t}{\partial x_j'} + y_i \frac{\partial x_i}{\partial x_j'} \quad (j = 1, 2), \tag{22,3}$$

$$H' = H(t, x_k, y_k)\frac{\partial t}{\partial t'} - y_i \frac{\partial x_i}{\partial t'}. \tag{22,4}$$

Man erhält also H', indem man erstens aus (22.3) die y_i als Funktionen von (t', x_j', y_j') berechnet und diese Werte in (22.4) einsetzt.

Aus der Gleichung (22.2) kann man außerdem eine wichtige Eigenschaft der kanonischen Richtungskoordinaten ablesen. Wenn man nämlich bedenkt, daß die Differentiale

$$dt, dx_1, dx_2$$

als Komponenten eines *kontravarianten Vektors* gedeutet werden können, folgt aus (22.2), daß die drei Größen

$$-H(t, x_j, y_j), \quad y_1, \quad y_2$$

sich wie die Komponenten eines *kovarianten Vektors* transformieren[48].

---

[48] Variationsrechnung § 83.

23. Ableitung des allgemeinen Brechungsgesetzes. Wir nehmen jetzt an, daß zwei verschiedene Medien an eine Diskontinuitätsfläche

$$\mathfrak{D}: \quad t = \tau(u_j), \quad x_i = A_i(u_j) \quad (i, j = 1, 2) \tag{23.1}$$

grenzen. Auf der einen Seite der Fläche $\mathfrak{D}$, z. B. für die Punkte

$$t < \tau(u_j), \quad x_i = A_i(u_j), \tag{23.2}$$

sollen die LAGRANGEsche und die HAMILTONsche Funktion wie bisher mit $L(t, x_j, \dot{x}_j)$ bzw. mit $H(t, x_j, y_j)$ bezeichnet werden. Im zweiten Medium werden wir dieselben Funktionen mit $L'(t, x_j, \dot{x}_j)$, $H'(t, x_j, y_j')$ bezeichnen.

Wir betrachten jetzt eine beliebige Lichtfortpflanzung durch dieses zusammengesetzte System, die durch eine Schar von Wellenflächen erzeugt wird. An den verschiedenen Punkten der Diskontinuitätsfläche $\mathfrak{D}$ wird diese Lichterregung zu einer Zeit bemerkbar sein, die man mit Hilfe einer Funktion $s(u_1, u_2)$ feststellen kann.

Nach dem HUYGENSschen Prinzip wird aber durch die Funktion $s(u_1, u_2)$ die Lichtfortpflanzung in jedem der beiden Medien eindeutig festgelegt. Die zugehörigen Lichtstrahlen werden bei dieser Lichtfortpflanzung an der Diskontinuitätsfläche $\mathfrak{D}$ gebrochen. Wir bezeichnen mit $B_i(u_j)$ bzw. mit $B_i'(u_j)$ die kanonischen Richtungskoordinaten eines dieser Lichtstrahlen vor und nach der Brechung. Nach (18.3) müssen zwischen den Ableitungen von $s(u_j)$ und den Funktionen τ, A_i, B_i die Gleichungen

$$\frac{\partial s}{\partial u_i} = -H(\tau, A_j, B_j) \frac{\partial \tau}{\partial u_i} + B_k \frac{\partial A_k}{\partial u_i} \quad (i = 1, 2) \tag{23.3}$$

erfüllt sein. Genau ebenso findet man, daß auch

$$\frac{\partial s}{\partial u_i} = -H'(\tau, A_j, B_j') \frac{\partial \tau}{\partial u_i} + B_k' \frac{\partial A_k}{\partial u_i} \tag{23.4}$$

gelten muß. Aus diesen beiden Gleichungen folgt aber die Beziehung

$$-[H'(\tau, A_j, B_j') - H(\tau, A_j, B_j)] \frac{\partial \tau}{\partial u_i} + [B_k' - B_k] \frac{\partial A_k}{\partial u_i} = 0, \quad (i = 1, 2) \tag{23.5}$$

in der die Ableitungen der Funktion $s(u_j)$ nicht mehr vorkommen.

Das Gleichungssystem (23.5) stellt das Brechungsgesetz der Lichtstrahlen an der Diskontinuitätsfläche $\mathfrak{D}$ dar. Werden nämlich durch einen Punkt τ, A_i der Fläche $\mathfrak{D}$ zwei Strahlen gezogen mit den kanonischen Richtungskoeffizienten B_i bzw. B_i' und sind die Gleichungen (23.5) erfüllt, so kann man auf unendlich viele Weisen Funktionen $s(u_j)$ angeben, für welche die durch die Gleichungen (23.3) und (23.4) definierten Strahlenfelder diese beiden vorgeschriebenen Strahlen enthalten.

Bemerkung. Es ist sehr leicht festzustellen, daß man auch durch das FERMATsche Prinzip zu demselben Brechungsgesetz (23.5) geführt wird. Sind nämlich e und e' zwei Lichtstrahlen, von denen jeder einem der beiden soeben betrachteten Felder von Strahlen gehört, und bezeichnet man mit T die Lichtzeit von A bis B längs dieser Strahlen, so erhält man

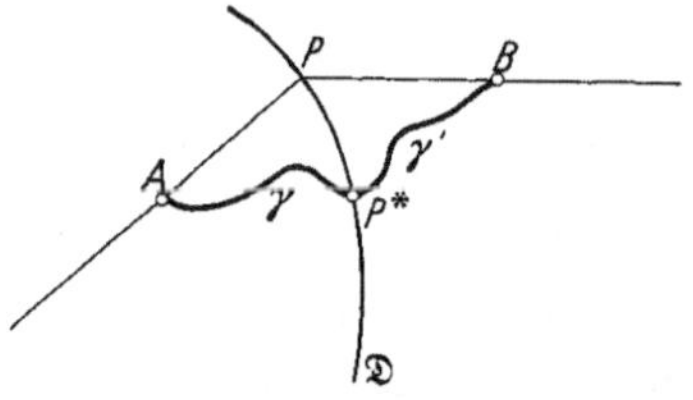

Fig. 3.

$$T = [s(P) - S(A)] + [S'(B) - s(P)]$$
$$= S'(B) - S(A).$$

Für die Zeit T^* längs eines anderen Weges AP^*B erhält man aber nach (9.5)

$$T^* = (s(P^*) - S(A)) + \int_{\gamma} E\,dt + (S'(B) - s(P^*)) + \int_{\gamma'} E'\,dt$$

$$= T + \int_{\gamma} E\,dt + \int_{\gamma'} E'\,dt.$$

Da nun die Funktionen E und E' immer $\geqq 0$ sind, folgt hieraus $T^* \geqq T$, so daß der Strahl APB nach der Definition des § 4 ein Lichtstrahl sein muß.

Man kann dieses Resultat vervollständigen, indem man noch zeigt, daß das FERMATsche Prinzip nicht mehr gilt, wenn man den Strahl AP in einer anderen Richtung verlängert als die, die e' im Punkte P besitzt. Doch wollen wir diese Einzelheit übergehen.

24. Folgerungen aus dem Brechungsgesetz. Selbstverständlich muß das Brechungsgesetz unabhängig von der Wahl der Koordinaten sein. Diese Eigenschaft kann mit Hilfe unserer Formeln ohne Mühe verifiziert werden: nach dem § 22 sind nämlich die Zahlen

$$-[H'(t, A_j, B_j') - H(t, A_j, B_j)], \quad [B_i' - B_i] \qquad (24.1)$$

Komponenten eines kovarianten Vektors und die Gleichungen (23.5) besagen einfach, daß dieser kovariante Vektor zu jedem der beiden kontravarianten Vektoren

$$\frac{\partial \tau}{\partial u_j}, \qquad \frac{\partial A_i}{\partial u_j} \qquad (j = 1, 2) \qquad (24.2)$$

orthogonal sein soll. Dies ist aber eine Bedingung, die bei jeder Änderung der Koordinaten invariant bleibt.

Für den speziellen Fall, daß rechtwinklige Cartesische Koordinaten zugrunde liegen, sind die kovarianten Vektoren von den kontravarianten nicht zu unterscheiden. Die obige Bedingung besagt dann einfach, daß der Vektor (24.1) immer senkrecht zur Diskontinuitätsfläche stehen soll, und man erhält im Falle isotroper Medien das gewöhnliche Brechungsgesetz[49].

----

[49] Man beachte, daß dieses Resultat zu einer Konstruktion führt, die genau mit der DESCARTESschen Regel des § 1 übereinstimmt, wenn man den Brechungsindex jeweils proportional der Lichtgeschwindigkeit setzt, wie es die Emissionstheorie des Lichtes verlangt (vgl. § 2, Fußn. 31).

25. Wir betrachten jetzt eine beliebige Strahlenmannigfaltigkeit des ersten Mediums, die von zwei, drei oder vier Parametern u_α abhängt und deren Strahlen die Diskontinuitätsfläche (23.1) durchsetzen. Man kann jeden einzelnen Strahl dieser Mannigfaltigkeit durch dasjenige Linienelement dieses Strahles charakterisieren, das sich im Durchstoßungspunkte des Strahles mit der Diskontinuitätsfläche befindet. Für die beiden ersten Parameter u_1, u_2 unter den u_α, die wir, wenn sie von den übrigen getrennt betrachtet werden sollen, mit lateinischen Indizes bezeichnen werden, können dann Ortskoordinaten der Diskontinuitätsfläche benutzt werden. Infolgedessen kann die Strahlenmannigfaltigkeit selber immer durch Lösungen (15.1) der kanonischen Differentialgleichungen dargestellt werden, die durch die Anfangsbedingungen

$$\xi_i(\tau(u_j), u_\alpha) = A_i(u_j), \qquad \eta_i(\tau(u_j), u_\alpha) = B_i(u_\alpha) \qquad (25.1)$$

festgelegt sind, in denen die $\tau(u_j)$, $A_i(u_j)$ dieselbe Bedeutung wie in (23.1) haben. Nach (17.2) kann man dann schreiben, nachdem man eine Funktion $\omega(t, u_\alpha)$ berechnet und mit ihrer Hilfe die Funktionen λ_α und ω_0 bestimmt hat,

$$-H(\tau, A_j, B_j)\, d\tau + B_i\, dA_i = d\omega_0 + \lambda_\alpha\, du_\alpha. \qquad (25.2)$$

Ordnet man jetzt jedem Strahl der betrachteten Mannigfaltigkeit den gebrochenen Strahl zu, der als seine Fortsetzung im zweiten Medium entsteht, so erhält man, mit ganz ähnlichen Bezeichnungen, die Gleichung

$$-H'(\tau, A_j, B_j')\, d\tau + B_i'\, dA_i = d\omega_0' + \lambda_\alpha'\, du_\alpha. \qquad (25.3)$$

Nun folgt aus dem Brechungsgesetz (23.5), daß die linken Seiten der beiden letzten Gleichungen immer einander gleich sein müssen. Es folgt hieraus, wenn man noch die Bezeichnung

$$\Psi(u_\alpha) = \omega_0(u_\alpha) - \omega_0'(u_\alpha) \qquad (25.4)$$

einführt,

$$\lambda_\alpha'\, du_\alpha = d\Psi + \lambda_\alpha\, du_\alpha. \qquad (25.5)$$

Bei der Ableitung dieser letzten Relation haben wir die Parameter u_α recht speziell gewählt. Diese Gleichung bleibt aber bei jeder willkürlichen Wahl der Parameter u_α richtig. Führt man nämlich durch die Gleichungen

$$u_\alpha = u_\alpha(v_\beta) \qquad (25.6)$$

neue Parameter v_β ein, für welche an Stelle der Funktionen $\lambda_\alpha(u_\beta)$, $\lambda_\alpha'(u_\beta)$ andere Funktionen $\mu_\alpha(v_\beta)$, $\mu_\alpha'(v_\beta)$ auftreten, so ist doch immer

$$\lambda_\alpha\, du_\alpha = \mu_\alpha\, dv_\alpha + dM, \qquad \lambda_\alpha'\, du_\alpha = \mu_\alpha'\, dv_\alpha + dM', \qquad (25.7)$$

so daß die Gestalt der Relation (25.5) bei jeder beliebigen Parameterwahl immer dieselbe Form behält.

Die Gleichung (25.5) ist dem System

$$\lambda'_\alpha = \lambda_\alpha + \frac{\partial \Psi}{\partial u_\alpha} \qquad (\alpha = 1.2, \ldots) \qquad (25.8)$$

äquivalent. *Aus (16.5) folgt dann, daß die* LAGRANGE*schen Klammern* $[u_\alpha, u_\beta]$ *bei beliebiger Brechung der Lichtstrahlen unverändert bleiben. Sie stellen Differentialinvarianten dar, die beim Durchgang des Lichtes durch irgendein Instrument längs des ganzen Lichtstrahls ihren Wert nicht ändern.*

Im übrigen bemerke man, daß man nach dem § 16 die Funktionen λ'_α immer so normieren kann, daß die Gleichungen (25.8) durch $\lambda'_\alpha = \lambda_\alpha$ ersetzt werden. Man kann also immer die Bezeichnungen so wählen, daß die λ_α selbst längs eines jeden Strahls konstant bleiben.

26. Integralinvarianten. Der M**ALUS****sche Satz.** Für die Anwendungen, die wir von der Invarianz der Klammern $[u_\alpha, u_\beta]$ zu machen haben werden, ist es sehr günstig, daß dieser Satz für jede Wahl der Parameter u_α richtig bleibt, weil man infolgedessen in jedem speziellen Falle die bequemsten Parameter wählen kann. Andererseits hat dieser Satz unmittelbar keine geometrische Bedeutung, da man jede Strahlenmannigfaltigkeit auf unendlich viele verschiedene Weisen mit Hilfe von Parametern u_α beschreiben kann und jedesmal andere Werte für $[u_\alpha, u_\beta]$ erhält.

Zu einem Satz, der geometrisch deutbar ist, gelangen wir aber auf folgendem Wege: Für eine zweidimensionale Mannigfaltigkeit, die mit Hilfe der Parameter u_1, u_2 dargestellt wird, ist nach (13.8)

$$[u_1, u_2] = \frac{\partial(\xi_1, \eta_1)}{\partial(u_1, u_2)} + \frac{\partial(\xi_2, \eta_2)}{\partial(u_1, u_2)}. \qquad (26.1)$$

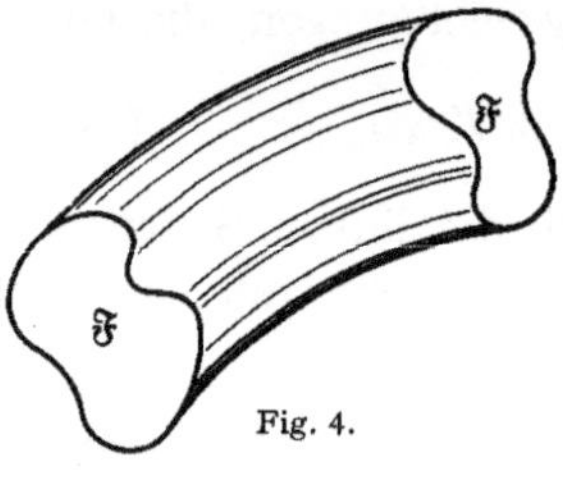

Wenn wir nun durch Gleichungen der Gestalt (25.6) neue Parameter (v_1, v_2) einführen, so muß, wie hieraus folgt, für jeden Strahl der betrachteten Mannigfaltigkeit zwischen der alten und der transformierten LAGRANGE-schen Klammer die Beziehung

Fig. 4.

$$[v_1, v_2] = [u_1, u_2]\frac{\partial(u_1, u_2)}{\partial(v_1, v_2)} \qquad (26.2)$$

bestehen. Sind also G_u und G_v zwei Gebiete in der $u_1 u_2$- bzw. in der $v_1 v_2$-Ebene, die vermöge der Transformation (25.6) ineinander übergehen, so hat man

$$\iint\limits_{G_u} [u_1, u_2]\, du_1\, du_2 = \iint\limits_{G_v} [v_1, v_2]\, dv_1\, dv_2. \qquad (26.3)$$

Der Wert des Doppelintegrals (26.3) ist mithin von der Wahl der Parameter unabhängig.

Deutet man das Doppelintegral als Integral über ein Flächenstück $\mathfrak{F}$, das ein Bündel von Strahlen durchsetzt (Fig. 4), so hängt der Wert des Integrals nur vom Bündel ab, nicht aber von der Lage oder Gestalt des Flächenstückes, über welches man integriert. Deshalb wird das Integral eine *Integralinvariante* genannt.

27. Ist die Strahlenmannigfaltigkeit feldartig, so ist $[u_1, u_2] \equiv 0$ und die Integralinvariante (26.3) verschwindet identisch. Verschwindet umgekehrt die Integralinvariante für alle möglichen Gebiete G_u, so muß $[u_1, u_2] \equiv 0$ sein und die Strahlenmannigfaltigkeit ist feldartig. Dieses Resultat enthält den Satz, den MALUS im Jahre 1808 ausgesprochen hat mit den Verallgemeinerungen, die später durch DUPIN und QUETELET hinzugekommen sind[50], der besagt, daß, wenn man eine zweidimensionale Strahlenmannigfaltigkeit durch ein beliebiges Instrument hindurchschickt, die Strahlenmannigfaltigkeit im Bildraume dann und nur dann feldartig ist, wenn sie im Objektraume dieselbe Eigenschaft besitzt.

Der Satz von MALUS ist früher sehr stark beachtet worden. Es scheint, daß man sogar geglaubt hat, die optischen Strahlenabbildungen könnten durch diesen Satz allein charakterisiert werden. Dies ist natürlich nicht der Fall, aber die Strahlenabbildungen, für welche der MALUSsche Satz unbeschränkt gilt, sind nur *wenig* allgemeiner als diejenigen, für welche alle LAGRANGEschen Klammern $[u_\alpha, u_\beta]$ invariant bleiben. Es gilt nämlich folgender Satz:

Sind die Strahlen von zwei homogenen und isotropen optischen Räumen derart einander eineindeutig zugeordnet, daß jede feldartige Strahlenmannigfaltigkeit des ersten Raumes in eine ebensolche Mannigfaltigkeit des zweiten Raumes übergeht, so kann man durch eine Ähnlichkeitstransformation und evtl. eine Spiegelung an einer der Koordinatenebenen, denen der eine dieser Räume unterworfen wird, immer erreichen, daß nach Ausführung dieser Operationen die LAGRANGEschen Klammern selbst invariant bleiben.

Nach (25.2) und (25.3) sind nämlich die betrachteten Strahlenmannigfaltigkeiten dann und nur dann feldartig, wenn die Ausdrücke $\lambda_\alpha d u_\alpha$ bzw. $\lambda'_\alpha d u_\alpha$ vollständige Differentiale sind. Wir müssen also jetzt verlangen, daß jedesmal, wenn man eine zweiparametrige Schar von Lichtstrahlen des Objektraumes so auswählt, daß $\lambda_\alpha d u_\alpha$ ein vollständiges Differential wird, der entsprechende Ausdruck $\lambda'_\alpha d u_\alpha$ dieselbe Eigenschaft besitzt. Nach einem Satz über PFAFFsche Formen[51] muß es dann eine *konstante* Zahl ϱ geben, so daß

$$\lambda'_\alpha d u_\alpha = \varrho \left(\lambda_\alpha d u_\alpha \right) + d \Psi \tag{27.1}$$

identisch besteht. Durch Vornahme einer Ähnlichkeitstransformation (und evtl. einer Spiegelung, falls $\varrho < 0$ ist) geht aber die letzte Relation in (25.5) über, womit die Behauptung bewiesen ist.

---

[50] Vgl. die Einleitung. Es ist bemerkenswert, daß im selben Jahre 1808 die Abhandlung von LAGRANGE erschienen ist (s. § 13 Fußnote 41), die schon im wesentlichen die Invarianz der Klammern $[u_\alpha, u_\beta]$ enthält.

[51] Variationsrechnung § 145.

Ausgehend von der Forderung, daß der Satz von Malus bestehen soll, kann man also, wenigstens in isotropen homogenen Räumen, die Gestalt aller möglichen Strahlenabbildungen studieren, und dies erklärt die Rolle, die dieser Satz in der Geschichte der Strahlenoptik gespielt hat.

28. Die Integralinvariante (26.3) kann auf eine Gestalt gebracht werden, die eine sehr anschauliche geometrische Deutung zuläßt.

Wegen der Beziehung (16.5) kann man nämlich schreiben, indem man mit γ den Rand des Gebietes G_u bezeichnet:

$$J = \iint_{G_u} [u_1, u_2]\, du_1\, du_2 = \int_\gamma (\lambda_1\, du_1 + \lambda_2\, du_2). \qquad (28.1)$$

Die geschlossene Kurve γ wird in der $u_1 u_2$-Ebene durch die Gleichungen

$$u_i = u_i(s) \qquad (0 \leqq s \leqq 2\pi) \qquad (28.2)$$

dargestellt, wobei die Funktionen $u_i(s)$ periodische Funktionen bedeuten. Diesen Funktionen fügen wir eine dritte Funktion

$$t = t(s) \qquad (28.3)$$

zu, die nicht periodisch zu sein braucht, und betrachten im Raume der t, x_i die Kurve c, die durch die Gleichungen (28.3) und

$$x_i = x_i(s) = \xi_i(t(s),\, u_j(s)) \qquad (28.4)$$

definiert wird. Dann ergibt die Vergleichung von (28.1) mit unserer früheren Gleichung (15.4)

$$J = \int_c (-H\, dt + \eta_i\, d\xi_i) - \int_c d\omega. \qquad (28.5)$$

Hierbei kann nach unserer Konstruktion für die Kurve c irgendeine Kurve gewählt werden, die das betrachtete Bündel von Lichtstrahlen einmal umläuft und deren Endpunkte auf *demselben* Lichtstrahl liegen.

Von dieser Formel kann man zwei Anwendungen machen. Ist erstens die Funktion $t(s)$ in (28.3) periodisch mit der Periode 2π, so ist die Kurve c geschlossen und in (28.5) verschwindet das zweite Integral. Man hat dann

$$J = \int_Q (-H\, dt + \eta_i\, d\xi_i). \qquad (28.6)$$

In der Terminologie von Poincaré heißt die rechte Seite von (28.3) eine *relative* Integralinvariante, weil sie nur für geschlossene Kurven gilt. Poincaré hat übrigens nur solche geschlossene Kurven betrachtet, die in Ebenen $t = \mathrm{const}$ liegen. Die Integralinvariante (28.6) ist besonders von Elie Cartan betrachtet worden[52].

Zweitens kann man aber die Kurve c auf dem Rande des Strahlenbündels so wählen, daß ihre Tangente in jedem Punkte den Lichtstrahl,

---

[52] E. Cartan: Leçons sur les invariants intégraux. Paris: Hermann 1922.

der diesen Punkt enthält, *transversal* schneidet (§ 21). Die Bedingung hierfür ist

$$-H\,dt + \eta_i\,d\xi_i = 0 \qquad (28.7)$$

und man hat infolgedessen an Stelle von (27.5)

$$J = -\int_c d\omega = \omega_1 - \omega_2, \qquad (28.8)$$

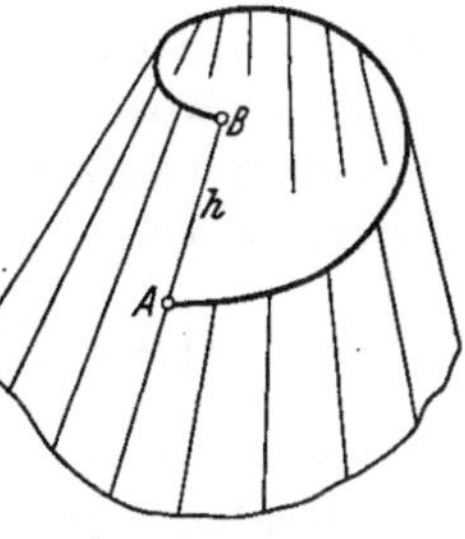
Fig. 5.

wobei ω_1 und ω_2 die Werte von ω an den Endpunkten von c bedeuten. Die Größe J ist also gleich der optischen Entfernung h der beiden Endpunkte einer Kurve, die das Strahlenbündel umschlingt und jeden Strahl des Randes dieses Bündels transversal schneidet (Fig. 5). Die Invarianz von J wird dadurch ausgedrückt, daß die optische Entfernung der Endpunkte von c unabhängig ist von der willkürlichen Wahl des Anfangspunktes dieser Kurve.

Diese außerordentlich anschauliche Deutung von J stammt von G. Prange [53].

29. Die Descartesschen Flächen. Eine gewisse Umkehrung des Malusschen Satzes ist ganz zu Beginn der Entwicklung der Dioptrik von Descartes für einen speziellen Fall behandelt worden. Es handelt sich um folgendes Problem: Man betrachtet zwei beliebige feldartige Strahlenkongruenzen, die in optisch verschiedenen Medien $\mathfrak{M}$ und $\mathfrak{M}'$ liegen, und nimmt an, daß die Medien sich durchdringen. Es soll durch einen Punkt $(t^0,\, x_i^0)$ eine Fläche D hindurchgelegt werden, so daß, wenn man das eine Medium auf der einen Seite dieser Fläche, das andere auf der anderen Seite stehen läßt, die erste Strahlenkongruenz in die zweite durch Brechung übergeht.

Da die beiden Strahlenkongruenzen feldartig sind, kann man Scharen von Lichtwellen konstruieren, die durch die Gleichungen

$$S(t,\, x_i) = \text{const}, \quad S'(t,\, x_i) = \text{const}$$

dargestellt werden und diese Strahlenkongruenzen transversal schneiden. Nach dem § 23 wird jede Fläche $t = \tau(x_1,\, x_2)$, die der Schar

$$\cdot\, S(t,\, x_i) = S'(t,\, x_i) + C \qquad (29.1)$$

angehört, eine mögliche Diskontinuitätsfläche $\mathfrak{D}$ sein. Die Fläche wird durch den Punkt $(t^0,\, x_i^0)$ hindurchgehen, wenn man C aus der Gleichung

$$C = S(t^0,\, x_i^0) - S'(t^0,\, x_i^0) \qquad (29.2)$$

bestimmt. Bei dieser Konstruktion wird ein Teil der Lichtstrahlen aus den Medien $\mathfrak{M}$ und $\mathfrak{M}'$ herausgeschnitten. Diese herausgeschnittenen

<hr>

[53] Prange, G.: Die allgemeinen Integrationsmethoden der analytischen Mechanik. Enzykl. d. Mathem. Wiss. Bd. 4 II Art. 12 u. 13 S. 622.

Stücke nennt man *virtuelle* Lichtstrahlen; die übrigbleibenden Teile
der Lichtstrahlen werden *reelle* Lichtstrahlen genannt.

DESCARTES hat dieses Problem behandelt für den speziellen Fall, daß
die beiden Mittel isotrop und homogen und die beiden feldartigen
Strahlenkongruenzen stigmatisch sind. Man kann dann immer bei geeigneter Wahl der Achsen der Gleichung (29.1) die Gestalt geben:

$$n\sqrt{t^2 + x_1^2 + x_2^2} = \pm n'\sqrt{(t - a)^2 + x_1^2 + x_2^2} + C. \tag{29.3}$$

Die DESCARTESsche Fläche ist in diesem Falle eine Rotationsfläche,
deren Meridiankurve eine algebraische Kurve von der vierten Ordnung
ist. Für die Diskontinuitätsfläche ist aber immer nur ein Stück dieser
Fläche brauchbar, nämlich dasjenige Stück, das durch die Gleichung
(29.3) selbst (mit Beibehaltung der Wurzelzeichen) dargestellt wird.

30. Die aplanatischen Punkte der Kugel. Ein merkwürdiger spe-
zieller Fall der DESCARTESschen Flächen ist von HUYGENS entdeckt
worden. Ist nämlich in (29.3) die Konstante C gleich Null, so erhält

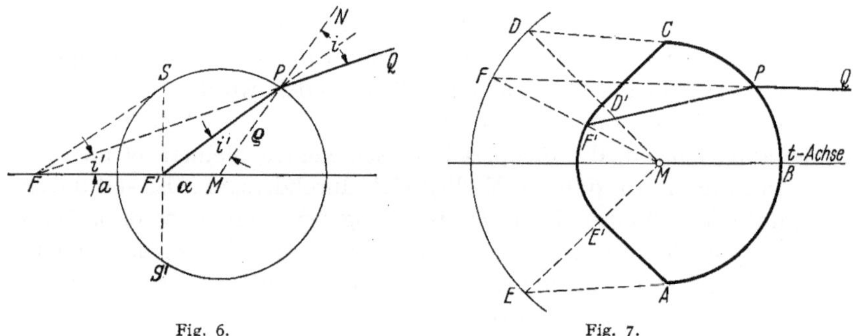

Fig. 6.   Fig. 7.

man, wenn man durch Quadrieren die Wurzeln fortschafft, die Gleichung einer Kugel. Dieser Zusammenhang läßt sich übrigens bequem
elementargeometrisch feststellen.

Sind nämlich F und F' zwei inverse Punkte einer Kugel vom Radius ϱ, die sich auf einem Strahl MF durch den Mittelpunkt befinden,
so besteht nach Definition die Gleichung

$$\frac{\alpha}{\varrho} = \frac{\varrho}{a + \alpha}, \tag{30.1}$$

aus welcher man entnimmt, daß die beiden Dreiecke PMF und $F'MP$
ähnlich sind. Es folgt hieraus, daß der Winkel MFP gleich dem Winkel i' ist, und daß man daher schreiben kann

$$\frac{\sin i'}{\sin i} = \frac{MP}{FM} = \frac{\varrho}{a + \alpha} = \frac{\alpha}{\varrho}. \tag{30.2}$$

Insbesondere ist also das Verhältnis $\sin i' : \sin i$ unabhängig von der Lage des Punktes P. Soll dieses Verhältnis gleich $n : n'$ sein, so muß man haben

$$n'\varrho - n\alpha = na, \qquad n\varrho - n'\alpha = 0, \tag{30.3}$$

woraus man die Gleichungen entnimmt

$$\varrho = \frac{a n n'}{n'^2 - n^2}, \qquad \alpha = \frac{a n^2}{n'^2 - n^2}, \qquad \alpha + a = \frac{a n'^2}{n'^2 - n^2}, \tag{30.4}$$

die man auch direkt aus (29.3) berechnen kann.

Wir denken uns jetzt einen Rotationskörper aus Glas in Luft mit dem Brechungsindex $n = 1$, dessen Meridian $ABPCD'F'A'$ aus zwei konzentrischen Kreisen vom Radius ϱ und $\varrho : n'$ und zwei geradlinigen Strecken besteht (Abb. 6). Hierbei ist n' der Brechungsindex des Glases, das in der Abbildung gleich 1,5 genommen worden ist. Alle Lichtstrahlen $F'P$, die von einem Punkt F' der kleineren Kugelfläche, die den Körper begrenzt, ausgehen, werden in P auf der größeren Kugel so gebrochen, daß ihr Ausgangspunkt der Punkt F zu sein scheint. Die Kugelfläche mit dem Großkreis $D'F'E'$ wird infolgedessen stigmatisch abgebildet, und das virtuelle Bild, das auf der Kugelfläche DFE liegt, ist linear vergrößert im Verhältnis $n'^2 : 1$ und nicht verzerrt.

Kapitel III.

Die Strahlenabbildung.

31. Definition und Darstellung der Strahlenabbildung. Wir betrachten ein optisches Instrument, das aus einem beliebig komplizierten System von Linsen (oder Spiegeln) besteht. Die Lichterregung entsteht in einem ersten Raume, dem *Objektraum*, dessen Punkte wir durch beliebige (Cartesische oder auch krummlinige) Koordinaten (t, x_1, x_2) darstellen, und mündet in einen zweiten Raum, den *Bildraum*, der durch ebensolche Koordinaten (t', x'_1, x'_2) beschrieben wird. Die beiden HAMILTONschen Funktionen, die die Gestalt der Lichtstrahlen im Innern dieser beiden Räume bestimmen, nennen wir $H(t, x_i, y_i)$ und $H'(t', x'_i, y'_i)$.

Bei dem Durchgang des Lichtes durch dieses Instrument wird erstens jeder Strahl des Objektraumes, der das Instrument durchsetzt, einem Lichtstrahl des Bildraumes zugeordnet.

Und zweitens muß nach dem § 25 bei dieser Zuordnung die LAGRANGEsche Klammer einer beliebigen Strahlenkongruenz des Objektraumes und die LAGRANGEsche Klammer der entsprechenden Strahlenkongruenz des Bildraumes auf je zwei zugeordneten Strahlen der beiden Kongruenzen denselben Wert besitzen, wenn die Kongruenzen durch dieselben Parameter dargestellt werden.

3*

Die Ansicht, daß jede Strahlenabbildung, die den beiden obigen Bedingungen genügt, durch geeignete Systeme von Linsen wenigstens annäherungsweise verwirklicht werden kann, ist allgemein verbreitet. Wir werden an Beispielen zeigen, daß dies nicht immer der Fall zu sein braucht (§§ 57 und 61). Die Trennung zwischen den Abbildungen dieser Art, die man optisch realisieren kann, und den übrigen ist ein mathematisches Problem, das nie in Angriff genommen worden ist und außerordentlich schwierig sein dürfte.

Diese Bemerkung soll aber nicht den Verdacht aufkommen lassen, daß das Studium der allgemeinsten Abbildungen von Strahlen, bei welchen die LAGRANGEschen Klammern invariant bleiben, lediglich theoretisches Interesse besitze. Im Gegenteil: fast alle praktischen Anwendungen, die man von der allgemeinen Theorie machen kann, wären undenkbar, wenn man diese allgemeinen Abbildungen nicht vorher gründlich untersucht hätte.

Um eine derartige Strahlenabbildung darzustellen, betrachten wir im Objektraum die allgemeinste Lösung

$$x_i = \xi_i(t, a_1, a_2, b_1, b_2), \quad y_i = \eta_i(t, a_1, a_2, b_1, b_2) \quad (i = 1, 2) \quad (31.1)$$

der kanonischen Gleichungen (14.1), die für $t = t^0$ den Anfangsbedingungen

$$\xi_i(t^0, a_j, b_j) = a_i, \quad \eta_i(t^0, a_j, b_j) = b_i \quad (i = 1, 2) \quad (31.2)$$

genügt. Entsprechend betrachten wir im Bildraum die analoge Lösung

$$x_i' = \xi_i'(t', a_1', a_2', b_1', b_2'), \quad y_i' = \eta_i'(t', a_1', a_2', b_1', b_2') \quad (i = 1, 2) \quad (31.3)$$

der zugehörigen kanonischen Gleichungen, die durch die Anfangsbedingungen

$$\xi_i'(t'^0, a_j', b_j') = a_i', \quad \eta_i'(t'^0, a_j', b_j') = b_i' \quad (31.4)$$

festgelegt ist.

Die eineindeutige Zuordnung der Strahlen dieser beiden Räume wird dann durch vier Gleichungen

$$a_i' = A_i(a_j, b_j), \quad b_i' = B_i(a_j, b_j) \quad (i, j = 1, 2) \quad (31.5)$$

ausgedrückt, wobei selbstverständlich die Funktionaldeterminante

$$\frac{\partial(A_1, A_2, B_1, B_2)}{\partial(a_1, a_2, b_1, b_2)} \neq 0 \quad (31.6)$$

sein soll.

32. Eine Strahlenkongruenz des Objektraumes stellen wir dar, indem wir die Größen a_j, b_j als Funktionen von zwei Parametern u_1 und u_2 betrachten und diese Werte in (31.1) einsetzen. Mit Hilfe der Gleichungen (31.5) und (31.3) berechnet man daraus die zugeordnete

Strahlenkongruenz des Bildraumes. Nach den Überlegungen des § 17 hat man dann, wenn man noch beachtet, daß hier $dt = dt^0 = 0$ ist,

$$d\omega_0 + \lambda_1\, du_1 + \lambda_2\, du_2 = b_1\, da_1 + b_2\, da_2, \tag{32.1}$$

so daß man nach (16.5) schreiben kann

$$\left.\begin{aligned}
[u_1, u_2] &= \frac{\partial}{\partial u_2}\left(b_1 \frac{\partial a_1}{\partial u_1} + b_2 \frac{\partial a_2}{\partial u_1}\right) - \frac{\partial}{\partial u_1}\left(b_1 \frac{\partial a_1}{\partial u_2} + b_2 \frac{\partial a_2}{\partial u_2}\right) \\
&= \frac{\partial(a_1,\, b_1)}{\partial(u_1,\, u_2)} + \frac{\partial(a_2,\, b_2)}{\partial(u_1,\, u_2)}\,.
\end{aligned}\right\} \tag{32.2}$$

Ganz ähnlich lautet der Ausdruck für die LAGRANGEsche Klammer $[u_1, u_2]'$ des Bildraumes und wir müssen die allgemeinste Transformation (31.5) aufstellen, für welche bei jeder Wahl der Funktionen $a_1(u_1 u_2) \ldots b_2(u_1, u_2)$ immer

$$[u_1, u_2]' = [u_1, u_2] \tag{32.3}$$

ist.

Beachtenswert ist, daß die Gestalt der Bedingungen, die wir auf diese Weise erhalten, von der Gestalt der HAMILTONschen Funktionen H und H' völlig unabhängig ist. Unsere Theorie gilt also auch für beliebige krummlinige Koordinaten und kann daher auch auf Fälle angewandt werden, bei denen durch die Bedingungen $t = t^0$ und $t' = t'^0$ beliebige krumme Flächen dargestellt werden.

33. Zusammenhang mit den kanonischen Transformationen. Bei der nun folgenden Untersuchung sollen unsere bisherigen Bezeichnungen durch andere ersetzt werden, die denjenigen, die man in der Literatur findet, besser angepaßt sind. Wir wollen nämlich a_1, a_2 durch x, y und b_1, b_2 durch ξ, η ersetzen und die Koordinaten der Linienelemente des Bildraumes ähnlich mit x', y', ξ', η' bezeichnen. Es sollen also die allgemeinsten Transformationen

$$\left.\begin{aligned}
x' &= X(x, y, \xi, \eta), & y' &= Y(x, y, \xi, \eta), \\
\xi' &= \varXi(x, y, \xi, \eta), & \eta' &= H(x, y, \xi, \eta)
\end{aligned}\right\} \tag{33.1}$$

aufgestellt werden, für welche die LAGRANGEschen Klammern invariant bleiben. Bezeichnet man mit u, v die Parameter einer Strahlenkongruenz, so hat man nach (32.2)

$$\left.\begin{aligned}
[u, v] &= \frac{\partial(x, \xi)}{\partial(u, v)} + \frac{\partial(y, \eta)}{\partial(u, v)}, \\
[u, v]' &= \frac{\partial(X, \varXi)}{\partial(u, v)} + \frac{\partial(Y, H)}{\partial(u, v)}\,.
\end{aligned}\right\} \tag{33.2}$$

Wir wählen nun für u und v irgend zwei unter den vier Veränderlichen x, y, ξ und η und halten die beiden übrigen Veränderlichen konstant. Dann entstehen aus der ersten Gleichung (33.2) die sechs Relationen

$$\left.\begin{aligned}
[x, y] = 0, \quad [x, \eta] = 0, \quad [y, \xi] = 0, \quad [\xi, \eta] = 0, \\
[x, \xi] = 1, \quad [y, \eta] = 1.
\end{aligned}\right\} \tag{33.3}$$

Es muß also wegen der Forderung $[u, v]' = [u, v]$ nach der zweiten
Gleichung (33.2)

$$[xy]' = \frac{\partial(X, \varXi)}{\partial(x, y)} + \frac{\partial(Y, H)}{\partial(x, y)} = 0 \qquad (33.4)$$

sein, und man erhält weiter aus (33.3) fünf andere ähnliche partielle
Differentialgleichungen erster Ordnung, die leicht aufgeschrieben werden
können.

Wir wollen nun zeigen, daß umgekehrt, wenn diese sechs Gleichungen
erfüllt sind, die Gleichung $[u, v]' = [u, v]$ nicht nur für die sechs speziellen
Strahlenkongruenzen gilt, die wir soeben betrachtet haben, sondern daß
sie ganz allgemein besteht. Zu diesem Zweck berechnen wir die Koeffizienten λ, μ, ϱ, σ der Differentialform

$$\varXi\, dX + H\, dY - \xi\, dx - \eta\, dy = \lambda\, dx + \mu\, dy + \varrho\, d\xi + \sigma\, d\eta \qquad (33.5)$$

und erhalten

$$\lambda = \varXi X_x + H Y_x - \xi, \qquad \mu = \varXi X_y + H Y_y - \eta,$$
$$\varrho = \varXi X_\xi + H Y_\xi, \qquad\qquad \sigma = \varXi X_\eta + H Y_\eta.$$

Aus den letzten Gleichungen folgt durch Differentiation

$$\left.\begin{array}{lll}
\lambda_y - \mu_x = [x, y]', & \lambda_\xi - \varrho_x = [x, \xi]' - 1, & \lambda_\eta - \sigma_x = [x, \eta]', \\
\mu_\xi - \varrho_y = [y, \xi]', & \mu_\eta - \sigma_y = [y, \eta]' - 1, & \varrho_\eta - \sigma_\xi = [\xi, \eta]'.
\end{array}\right\} \quad (33.6)$$

Haben also die LAGRANGEschen Klammern $[x, y]'$, ... dieselben Werte
wie $[x, y]$, ..., so folgt aus (33.3), daß die linken Seiten aller Gleichungen (33.6) verschwinden, und dies ist gleichbedeutend mit der
Forderung, daß die rechte Seite von (33.5) ein vollständiges Differential
sein muß. Man kann dann schreiben

$$\varXi\, dX + H\, dY - \xi\, dx - \eta\, dy = d\varPsi. \qquad (33.7)$$

Ist umgekehrt die Gleichung (33.7) erfüllt, so berechnet man sofort,
daß für alle möglichen Strahlenkongruenzen $[u, v]' = [u, v]$ ist, und
dies ist gerade das Resultat, das wir nachweisen wollten[54].

34. Wenn die vier Funktionen $X, \ldots, H$ die Gleichung (33.7) befriedigen, so nennt man die Transformation (33.1) eine *kanonische
Transformation*. Das *grundlegende Resultat*, das wir erhalten haben,
kann demnach folgendermaßen ausgesprochen werden:

Die Forderung, daß bei den Strahlenabbildungen der Optik die LA-
GRANGE*schen Klammern invariant bleiben sollen, ist mit der Forderung
äquivalent, daß die Zuordnung der Linienelemente für* $t = t^0$ *und* $t' = t'^0$
durch eine kanonische Transformation dargestellt wird.

---

[54] Bei der obigen Ableitung haben wir benutzt, daß die Funktionen $X, \ldots, H$
mindestens zweimal stetig differenzierbar sind. Im Kap. 6 meiner Variationsrechnung habe ich gezeigt, daß das obige Resultat sowie auch die ganze Theorie der
kanonischen Transformationen abgeleitet werden kann, ohne vorauszusetzen, daß
diese Funktionen zweite Ableitungen besitzen.

Über kanonische Transformationen, die auch in der Mechanik eine wichtige Rolle spielen, gibt es eine sehr ausgedehnte Literatur[55]. Einige der für die Optik wichtigsten Resultate sollen hier zusammengestellt werden. Für weitere Einzelheiten kann man auch in meiner Variationsrechnung nachschlagen.

Die erste wichtige Eigenschaft der kanonischen Transformationen besteht in der Tatsache, daß jede beliebige kanonische Transformation immer eine eigentliche Transformation ist, für welche die Funktionaldeterminante

$$D = \frac{\partial(X, Y, \Xi, H)}{\partial(x, y, \xi, \eta)} \tag{34.1}$$

nie verschwinden kann. Man beweist nämlich, daß $D = +1$ ist[56]. Der Nachweis dieser Tatsache ist nicht ganz einfach, wenn man auf das Vorzeichen von D achtgeben will; es genügt aber für die meisten Zwecke zu zeigen, daß $D = \pm 1$ ist, und dies gelingt durch eine ganz elementare Rechnung. Man bemerke nämlich, daß man D auch durch folgende Gleichung erhalten kann

$$D = \frac{\partial(\Xi, H, -X, -Y)}{\partial(\xi, \eta, -x, -y)}. \tag{34.2}$$

Multipliziert man nun *kolonnenweise* die beiden Determinanten (34.1) und (34.2), so erhält man

$$D^2 = \begin{vmatrix} [x, \xi]', & [y, \xi]', & 0 & , & [\eta, \xi]' \\ [x, \eta]', & [y, \eta]', & [\xi, \eta]', & 0 \\ 0 & , & [x, y]', & [x, \xi]', & [x, \eta]' \\ [y x]' & , & 0 & , & [y \xi]', & [y \eta]' \end{vmatrix} \tag{34.3}$$

Ist also die Transformation kanonisch, so hat man, wie wir angekündigt haben.

$$D^2 = 1. \tag{34.4}$$

Hieraus folgt dann, daß auch die Inverse einer kanonischen Transformation immer existiert und selbstverständlich auch kanonisch ist, und da man durch Zusammensetzung von zwei kanonischen Transformationen nach (33.7) wieder eine kanonische Transformation erhält, bildet die Gesamtheit der kanonischen Transformationen eine Gruppe[57].

35. Poissonsche Klammern. Die zweite Haupteigenschaft der kanonischen Transformationen besteht nun darin, daß man diese Transformationen auch durch Bildung von Poisson*schen Klammern* kennzeichnen kann. Diese Poissonschen Klammern sind, wenn man sie mit den Lagrangeschen Klammern, die wir bisher allein betrachtet haben, vergleicht, zu diesen in gewisser Hinsicht dual. Um die Lagrangeschen Klammern (33.2) zu bilden, hatten wir nämlich die *vier* Variablen $x, y,$

---

[55] Siehe Prange, l. c. 14, insbes. S. 748 u. ff.
[56] Variationsrechnung § 102.
[57] Variationsrechnung § 94.

ξ, η als Funktionen von *zwei* Parametern u und v betrachtet. Jetzt nehmen wir *zwei* Funktionen F und G der *vier* Veränderlichen x, y, ξ, η und definieren die Poissonsche Klammer (G, F) durch die Formel

$$(G, F) = \frac{\partial(F, G)}{\partial(x, \xi)} + \frac{\partial(F, G)}{\partial(y, \eta)} \,. \tag{35.1}$$

Das Rechnen mit Poissonschen Klammern wird erleichtert, wenn man sich folgende beiden Eigenschaften dieser Klammern merkt, die unmittelbar aus (35.1) folgen: Erstens ist

$$(G, F) = -(F, G) \tag{35.2}$$

und zweitens ist, falls $\Phi(F_1, \ldots, F_n)$ eine Funktion von beliebig vielen Funktionen $F_k(x, y, \xi, \eta)$ bedeutet,

$$(G, \Phi) = \sum_{k=1}^{n} \frac{\partial \Phi}{\partial F_k}(G, F_k) \,. \tag{35.3}$$

36. Eine Beziehung zwischen Poissonschen und Lagrangeschen Klammern gewinnen wir auf folgende Weise: Wir bilden für eine beliebige Funktion $F(x, y, \xi, \eta)$ den Ausdruck

$$(\Xi, F)\, dx' + (H, F)\, dy' - (X, F)\, d\xi' - (Y, F)\, d\eta', \tag{36.1}$$

setzen hierin

$$dx' = \frac{\partial X}{\partial x}\, dx + \cdots + \frac{\partial X}{\partial \eta}\, d\eta \quad \text{usf.,} \tag{36.2}$$

entwickeln die Poissonschen Klammern, die in (36.1) vorkommen, und sammeln die Koeffizienten der ersten Ableitungen von F. Wir finden auf diese Weise, daß der Ausdruck (36.1) *immer identisch ist* mit[58]

$$\left.\begin{aligned}
&([x, \xi]'\, dx + [y, \xi]'\, dy + [\eta, \xi]'\, d\eta)\, F_x \\
&+ ([x, \eta]'\, dx + [y, \eta]'\, dy + [\xi, \eta]'\, d\xi)\, F_y \\
&+ ([x, y]'\, dy + [x, \xi]'\, d\xi + [x, \eta]'\, d\eta)\, F_\xi \\
&+ ([y, x]'\, dx + [y, \xi]'\, d\xi + [y, \eta]'\, d\eta)\, F_\eta \,.
\end{aligned}\right\} \tag{36.3}$$

Ist nun die Transformation kanonisch, so hat dieser letzte Ausdruck den Wert

$$F_x\, dx + F_y\, dy + F_\xi\, d\xi + F_\eta\, d\eta = dF\,; \tag{36.4}$$

ist umgekehrt dies für alle möglichen Funktionen F der Fall, so müssen $[x, \xi]'$, $[y, \eta]'$ gleich Eins sein und die übrigen Lagrangeschen Klammern müssen verschwinden. Hieraus folgt aber der Satz:

Notwendig und hinreichend dafür, daß die Transformation (33.1) *kanonisch sei, ist das Bestehen der Identität*

$$(\Xi, F)\, dx' + (H, F)\, dy' - (X, F)\, d\xi' - (Y, F)\, d\eta' = dF \tag{36.5}$$

für alle möglichen Funktionen $F(x, y, \xi, \eta)$.

---

[58] Diese ganz elementare, wenn auch etwas längere Rechnung wird, wenn man sich der Indizesbezeichnung bedient, so übersichtlich, daß sie im Kopf gemacht werden kann. Variationsrechnung § 91.

37. Wir wollen jetzt die Tatsache benutzen, daß die Funktional-determinante (34.1) notwendig von Null verschieden ist und daß man daher aus den Gleichungen (33.1) die Größen x, y, ξ, η als Funktionen von x', y', ξ', η' berechnen kann. Hieraus folgt, daß man jeder Funktion $F(x, y, \xi, \eta)$ eine Funktion $F'(x', y', \xi', \eta')$ zuordnen kann, für welche die Identität

$$F(x, y, \xi, \eta) = F'(X, Y, \Xi, H) \qquad (37.1)$$

besteht. Für das totale Differential dF kann man also schreiben

$$dF = dF' = F'_{x'}\,dx' + F'_{y'}\,dy' + F'_{\xi'}\,d\xi' + F'_{\eta'}\,d\eta',$$

und man sieht, daß die Gleichung (36.5) gleichbedeutend ist mit den vier Gleichungen

$$(\Xi, F) = F'_{x'}, \quad (H, F) = F'_{y'}, \quad (F, X) = F'_{\xi'}, \quad (\Gamma, Y) = F'_{\eta'}. \qquad (37.2)$$

Setzen wir hierin nacheinander x', y', ξ', η' für F' und X, Y, Ξ, H für F, so erhalten wir eine Anzahl von Gleichungen, die sich auf folgende sechs reduzieren:

$$(X, Y) = 0, \quad (\Xi, H) = 0, \qquad (37.3)$$

$$(X, H) = 0, \quad (\Xi, Y) = 0, \qquad (37.4)$$

$$(\Xi, X) = 1, \quad (H, Y) = 1. \qquad (37.5)$$

38. Die letzten Bedingungen sind also notwendig dafür, daß die Transformation (33.1) kanonisch ist. Wir müssen jetzt zeigen, daß diese Bedingungen auch hinreichend sind, d. h. daß jede Transformation (33.1) kanonisch ist, sobald die Gleichungen (37.3) bis (37.5) identisch bestehen. Wir bemerken dazu zunächst, daß, wenn man die Determinanten (34.1) und (34.2) *zeilenweise* miteinander multipliziert,

$$D^2 = \begin{vmatrix} (\Xi, X), & (\Xi, Y), & 0, & (\Xi, H) \\ (H, X), & (H, Y), & (H, \Xi), & 0 \\ 0, & (Y, X), & (\Xi, X), & (H, X) \\ (X, Y), & 0, & (\Xi, Y), & (H, Y) \end{vmatrix}$$

wird. Sind also die Bedingungen (37.3) bis (37.5) erfüllt, so muß $D^2 = 1$, also $D \neq 0$ sein. Sodann kann man jeder Funktion $F(x, y, \xi, \eta)$ eine Funktion $F'(x', y', \xi', \eta')$ zuordnen, für welche (37.1) gilt. Es ist somit, wenn man (35.3) benutzt,

$$(\Xi, F) = F'_{x'}(\Xi, X) + F'_{y'}(\Xi, Y) + F'_{\eta'}(\Xi, H);$$

sind also die Gleichungen (37.3) bis (37.5) erfüllt, so muß die erste Gleichung (37.2) bestehen; ganz genau ebenso beweist man die übrigen Gleichungen (37.2), aus denen dann weiter (36.5) folgt. Mit Hilfe des Resultats des § 36 erhält man also den Satz:

Das Bestehen der Gleichungen (37.3) bis (37.5) ist notwendig und hinreichend dafür, daß die Transformation (33.1) kanonisch ist.

39. Für die Poissonschen Klammern gilt übrigens eine ähnliche invariante Eigenschaft wie diejenige, von der wir für die Lagrangeschen Klammern ausgegangen sind. Setzen wir nämlich ähnlich wie in (37.1)

$$G(x, y, \xi, \eta) = G'(X, Y, \varXi, H),$$

so hat man

$$(G, F) = G'_{x'}(X, F) + G'_{y'}(Y, F) + G'_{\xi'}(\varXi, F) + G'_{\eta'}(H, F),$$

und es folgt mit Hilfe der Formeln (37.2)

$$(G, F) = (G', F')',$$

eine Beziehung, die übrigens die Gleichungen (37.3) bis (37.5) nach sich zieht und, wegen des Resultates des vorigen Paragraphen, mit diesen äquivalent ist.

40. Bildung der kanonischen Transformationen. Die Relationen (37.3) bis (37.5) zeigen, daß, wenn auch nur *eine* der vier Funktionen $X, Y, \varXi, H$ vorgeschrieben ist, keine einzige der übrigen willkürlich gewählt werden kann, wenn die Transformation kanonisch sein soll.

Eine kanonische Transformation kann nämlich z. B. mit Hilfe der beiden Funktionen $X(x, y, \xi, \eta)$ und $Y(x, y, \xi, \eta)$ nur dann aufgestellt werden, wenn erstens die Poissonsche Klammer

$$(X, Y) = \frac{\partial(X, Y)}{\partial(x, \xi)} + \frac{\partial(X, Y)}{\partial(y, \eta)} \equiv 0 \tag{40.1}$$

ist und wenn zweitens die beiden ersten Zeilen der Funktionaldeterminante (34.1) nicht einander proportional sind, da sonst diese Determinante verschwinden würde. Letzteres besagt, daß in jedem Punkt mindestens eine der sechs Funktionaldeterminanten zweiter Ordnung

$$\frac{\partial(X, Y)}{\partial(x, y)}, \quad \frac{\partial(X, Y)}{\partial(x, \eta)}, \quad \frac{\partial(X, Y)}{\partial(y, \xi)}, \quad \frac{\partial(X, Y)}{\partial(\xi, \eta)}, \tag{40.2}$$

$$\frac{\partial(X, Y)}{\partial(x, \xi)}, \quad \frac{\partial(X, Y)}{\partial(y, \eta)} \tag{40.3}$$

nicht verschwinden darf. Andererseits sind diese beiden Bedingungen auch hinreichend dafür, daß Funktionen $\varXi, H$ berechnet werden können, die zusammen mit X, Y eine kanonische Transformation definieren. Ehe wir aber das beweisen, soll ein Hilfssatz aufgestellt werden, der auch für spätere Zwecke sehr brauchbar ist.

41. Aus den vier Funktionaldeterminanten (40.2) können nämlich auf vier verschiedene Weisen Paare dieser Ausdrücke ausgewählt werden, bei denen eine der Variablen x, y, ξ, η im Nenner zweimal vorkommt. Wir wollen nun zeigen, daß, wenn beide Funktionaldeterminanten eines solchen Paares in einem Punkte verschwinden, die ersten Ableitungen von X und Y nach der ausgezeichneten Variablen in diesem Punkte auch verschwinden müssen, wenn die Bedingungen des vorigen Paragraphen erfüllt sind.

Speziell müssen wir also z. B. beweisen, daß aus

$$\frac{\partial(X, Y)}{\partial(x, y)} = 0, \qquad \frac{\partial(X, Y)}{\partial(x, \eta)} = 0 \tag{41.1}$$

notwendig

$$\frac{\partial X}{\partial x} = 0, \qquad \frac{\partial Y}{\partial x} = 0 \tag{41.2}$$

folgen muß. Das erkennt man aber sofort. Würde nämlich entweder die eine oder die andere dieser beiden Größen von Null verschieden sein, so würde aus (41.1) die Existenz von zwei endlichen Zahlen λ, μ folgen, für welche die vier Gleichungen

$$\begin{aligned}X_y &= \lambda X_x, & Y_y &= \lambda Y_x, \\ X_\eta &= \mu X_x, & Y_\eta &= \mu Y_x \end{aligned} \tag{41.3}$$

gleichzeitig gelten. Setzt man diese Werte in die zweite Funktionaldeterminante (40.3) ein, so muß diese verschwinden. Wegen (40.1) muß auch die erste Determinante (40.3) verschwinden. Die Vergleichung von (40.2) mit (41.3) liefert dann weiter

$$\frac{\partial(X, Y)}{\partial(y, \xi)} = \lambda \frac{\partial(X, Y)}{\partial(x, \xi)}, \qquad \frac{\partial(X, Y)}{\partial(\xi, \eta)} = -\mu \frac{\partial(X, Y)}{\partial(x, \xi)},$$

und es müßten also, entgegen der Annahme, alle sechs Funktionaldeterminanten (40.2) und (40.3) verschwinden.

42. Ein wichtiges Korollar des soeben bewiesenen Hilfssatzes besteht darin, *daß von den vier Ausdrücken* (40.2) *immer mindestens der eine von Null verschieden sein muß.* Wären nämlich alle Determinanten (40.2) gleich Null, so müßten alle ersten Ableitungen von X verschwinden und es müßten dann auch, entgegen der Voraussetzung, die Ausdrücke (40.3) verschwinden. Für die Bestimmung von $\varXi, H$ sind daher jetzt vier Fälle zu unterscheiden, je nachdem man benutzen will, daß die erste, zweite, dritte oder vierte Funktionaldeterminante (40.2) von Null verschieden ist. Die Behandlung jedes dieser vier Fälle führt aber zu prinzipiell ganz ähnlichen Rechnungen.

Nehmen wir z. B. an, daß

$$\frac{\partial(X, Y)}{\partial(\xi, \eta)} \neq 0 \tag{42.1}$$

ist. Dann kann man die Gleichungen

$$x' = X(x, y, \xi, \eta), \qquad y' = Y(x, y, \xi, \eta) \tag{42.2}$$

nach ξ, η auflösen und erhält

$$\xi = \varphi(x, y, x', y'), \qquad \eta = \psi(x, y, x', y'). \tag{42.3}$$

Aus den Identitäten

$$x' = X(x, y, \varphi, \psi), \qquad y' = Y(x, y, \varphi, \psi) \tag{42.4}$$

kann man durch Differentiation die ersten partiellen Ableitungen φ_y und ψ_x ausrechnen. Man findet folgende Gleichungen

$$\frac{\partial(X,\,Y)}{\partial(\xi,\,\eta)}\,\varphi_y = -\frac{\partial(X,\,Y)}{\partial(y,\,\eta)}\,, \qquad \frac{\partial(X,\,Y)}{\partial(\xi,\,\eta)}\,\psi_x = \frac{\partial(X,\,Y)}{\partial(x,\,\xi)}\,. \qquad (42.5)$$

Aus diesen folgt mit Hilfe von (40.1) und (42.1)

$$\varphi_y = \psi_x. \qquad (42.6)$$

Die letzte Gleichung besagt, daß die Funktionen φ und ψ auf unendlich viele Weisen als partielle Ableitungen einer Funktion $-E(x,\,y,\,x',\,y')$ dargestellt werden können und daß man schreiben kann

$$\xi = -E_x, \qquad \eta = -E_y. \qquad (42.7)$$

Nun nehmen wir an, wir hätten auf irgendeine Weise Funktionen $\Xi(x,\,y,\,\xi,\,\eta)$, $H(x,\,y,\,\xi,\,\eta)$, $\Psi(x,\,y,\,\xi,\,\eta)$ bestimmt, für welche die Gleichung (33.7) identisch besteht, wenn man an Stelle von $X,\,Y$ die vorgegebenen Funktionen einsetzt. Ersetzt man in diesen Funktionen die Variablen $\xi,\,\eta$ durch die Ausdrücke (42.7), so erhält man neue Funktionen $\Xi^*(x,\,y,\,x',\,y')$, $H^*(x,\,y,\,x',\,y')$, $\Psi^*(x,\,y,\,x',\,y')$, für welche die Identität

$$\Xi^* dx' + H^* dy' + E_x dx + E_y dy = d\Psi^* \qquad (42.8)$$

besteht. Hieraus folgt nun erstens

$$E_x = \Psi_x^*, \qquad E_y = \Psi_y^*; \qquad (42.9)$$

es muß also $(E - \Psi^*)$ eine Funktion von x' und y' allein sein. Da aber die Funktion $E(x,\,y,\,x',\,y')$ nur bis auf eine additive willkürliche Funktion von $(x',\,y')$ definiert ist, können wir, ohne Beschränkung der Allgemeinheit, $E = \Psi^*$ setzen; dann folgt aus (42.8)

$$\xi' = E_{x'}, \qquad \eta' = E_{y'}\,, \qquad (42.10)$$

und diese Gleichungen bestimmen vollständig unsere kanonische Transformation. Man braucht nämlich bloß in (42.10) die Größen $x',\,y'$ durch $X,\,Y$ zu ersetzen, um die gesuchten Funktionen Ξ und H zu erhalten.

Man bemerke übrigens, daß die Funktion E, die wir berechnet haben, nicht ganz willkürlich ist: da es nämlich immer möglich ist, die Gleichungen (42.3) und daher auch die Gleichungen (42.7) nach $x',\,y'$ aufzulösen, muß notwendig die Funktion E der Bedingung

$$\begin{vmatrix} E_{xx'}, & E_{xy'} \\ E_{yx'}, & E_{yy'} \end{vmatrix} \neq 0 \qquad (42.11)$$

genügen.

43. Die Eikonale. Eine Funktion $E(x, y, x', y')$, die die Bedingung (42.11) erfüllt, wird in der Optik ein *Eikonal* genannt[59]. Ist ein beliebiges Eikonal gegeben, so wird die zugehörige kanonische Transformation durch die Gleichungen (42.7) und (42.10) bestimmt. Die Funktionen X, Y, Ξ, H berechnet man durch eine Elimination, die wegen des Bestehens von (42.11) immer möglich ist.

Auf diese Weise erhalten wir sämtliche kanonische Transformationen, für welche (42.1) gilt.

Zweitens nehmen wir an, daß die erste der Funktionaldeterminanten (40.2), nämlich

$$\frac{\partial(X, Y)}{\partial(x, y)} \neq 0 \tag{43.1}$$

sei. Dann kann man die Gleichungen (42.2) nach x, y auflösen und erhält

$$x = \varphi(\xi, \eta, x', y'), \quad y = \psi(\xi, \eta, x', y'). \tag{43.2}$$

Man beweist mit ganz ähnlichen Mitteln, wie im vorigen Paragraphen, daß hier

$$\varphi_\eta = \psi_\xi$$

ist, und folgert hieraus ganz ebenso wie früher die Existenz einer Funktion $V(\xi, \eta, x', y')$, für welche die Gleichungen (43.2) ersetzt werden können durch

$$x = V_\xi, \quad y = V_\eta. \tag{43.3}$$

Nun bemerke man, daß man nach Einführung der Funktion

$$\Omega(x, y, \xi, \eta) = \Psi(x, y, \xi, \eta) + x\xi + y\eta \tag{43.4}$$

an Stelle von (33.7) schreiben kann

$$\Xi\, dX + H\, dY + x\, d\xi + y\, d\eta = d\Omega(x, y, \xi, \eta)\,. \tag{43.5}$$

Hierdurch ist unser Problem auf eine Form gebracht, die bis auf die Bezeichnungen mit der Gestalt der im vorigen Paragraphen behandelten Fragestellung übereinstimmt. Wenn man daher mit Hilfe von (43.2) [oder von (43.3)] die unabhängigen Variablen ξ, η, x', y' einführt, so folgt in gleicher Weise wie dort, daß man immer setzen kann

$$\Omega(\varphi, \psi, \xi, \eta) = V(\xi, \eta, x', y') \tag{43.6}$$

$$\xi' = V_{x'}, \quad \eta' = V_{y'}. \tag{43.7}$$

---

[59] Bei dieser Bezeichnungsweise folgen wir BRUNS (vgl. Fußn. 18). Wir werden streng die Eikonale von den charakteristischen Funktionen HAMILTONS unterscheiden. Diese Unterscheidung ist nicht immer konsequent durchgeführt worden. Z. B. hat K. SCHWARZSCHILD die charakteristischen Funktionen HAMILTONS durchweg Eikonale genannt. (K. SCHWARZSCHILD: Untersuchungen zur geometrischen Optik I, II, III. Astronom. Mitteil. d. Kgl. Sternwarte zu Göttingen, 9.—11. Tl., 1905, S. 1—31, 1—28 u. 1—54). Auch in neuerer Zeit werden gelegentlich die beiden Begriffe vermischt (vgl. M. HERZBERGER: Strahlenoptik 5. Teil S. 111. Berlin: Julius Springer 1931).

Außerdem sieht man, daß für V die Beziehung

$$\begin{vmatrix} V_{\xi x'}, & V_{\xi y'} \\ V_{\eta x'}, & V_{\eta y'} \end{vmatrix} \neq 0 \tag{43.8}$$

gelten muß, weil nach Voraussetzung die Gleichungen (43.3) nach x' und y' auflösbar sein müssen.

Eine beliebige Funktion $V(\xi, \eta, x', y')$, für welche die Bedingung (43.8) gilt, nennt man ein *gemischtes Eikonal*. Durch diese Bezeichnung wird die Tatsache hervorgehoben, daß V von den beiden Punktkoordinaten x', y' und den beiden kanonischen Richtungskoordinaten ξ, η abhängt. Mit Hilfe eines derartigen gemischten Eikonals wird durch die Gleichungen (43.3) und (43.7) eine kanonische Transformation definiert. Durch Auflösung der beiden ersten Gleichungen nach x', y' erhält man die Funktionen X, Y, durch Einsetzen dieser Werte in die rechten Seiten der Gleichungen (43.7) die Funktionen Ξ, H, und die Funktion Ψ wird endlich mit Hilfe von (43.4) und (43.7) durch die Gleichung

$$\Psi = V(\xi, \eta, X, Y) - x\xi - y\eta \tag{43.9}$$

dargestellt.

44. Es bleibt noch übrig, ähnliche Überlegungen für die beiden Fälle anzustellen, bei welchen die zweite oder die dritte Funktionaldeterminante (40.2) von Null verschieden ist. Diese beiden Fälle gehen ineinander über, wenn man x mit y und ξ mit η vertauscht, so daß es genügt, den einen dieser Fälle zu untersuchen. Nehmen wir z. B. an, es sei

$$\frac{\partial(X, Y)}{\partial(y, \xi)} \neq 0. \tag{44.1}$$

Dann kann man die Gleichungen (42.2) nach y und ξ auflösen und erhält

$$y = \varphi(x, \eta, x', y'), \quad \xi = \psi(x, \eta, x', y'). \tag{44.2}$$

Man beweist, ähnlich wie im § 42, daß hier

$$\varphi_x = -\psi_\eta \tag{44.3}$$

sein muß, und es folgt, genau so wie früher, daß man die kanonische Transformation mit Hilfe eines *schiefen Eikonals* $U(x, \eta, x', y')$ beschreiben kann.

Um die Gleichungen zusammenzustellen, durch welche unsere kanonische Transformation bestimmt wird, bemerken wir, daß man schreiben kann

$$\xi' dx' + \eta' dy' - \xi dx + y d\eta = d(\Psi + y\eta) = dU, \tag{44.4}$$

falls man setzt

$$\Psi(x, \varphi, \psi, \eta) + \varphi\eta = U(x, \eta, x', y'). \tag{44.5}$$

Aus dieser Gleichung folgt dann

$$\left.\begin{aligned} \xi = -U_x, \quad y = U_\eta, \quad \xi' = U_{x'}, \quad \eta' = U_{y'}, \\ \begin{vmatrix} U_{xx'}, & U_{xy'} \\ U_{\eta x'}, & U_{\eta y'} \end{vmatrix} \neq 0, \\ \Psi = U(x, \eta, X, Y) - y\eta. \end{aligned}\right\} \tag{44.6}$$

45. Wir haben das Problem, das wir uns gestellt hatten, sämtliche möglichen Strahlenabbildungen zu bestimmen, vollständig gelöst. Unser Resultat lautet:

Jede denkbare kanonische Transformation in zwei Paaren von Veränderlichen kann mit Hilfe eines der Eikonale E, V bzw. eines der beiden schiefen Eikonale U immer berechnet werden. Es ist stets möglich, eine derartige Transformation zu bestimmen, wenn die beiden Funktionen X, Y gegeben sind und den Bedingungen des § 40 genügen.

Vom theoretischen Standpunkt ist dieses Resultat völlig befriedigend. Man bemerke aber, daß im System der Gleichungen (37.3) bis (37.5) die vier ersten vollkommen gleichberechtigt sind. Wir hätten also ganz ähnliche Resultate erhalten, wenn wir das Funktionenpaar X, Y, das wir unseren Überlegungen zugrunde gelegt haben, durch das eine oder andere der Funktionenpaare Ξ, H oder X, H oder Ξ, Y ersetzt hätten. Bei jeder dieser Kombinationen erhält man vier mögliche Eikonale, von denen in jedem Fall mindestens das eine benutzt werden kann. Im ganzen erhält man auf diese Weise *sechzehn* Eikonale, die man in folgender Tabelle zusammenstellen kann:

	xy	$x\eta$	ξy	$\xi\eta$
$x'y'$	E	U	U	V
$x'\eta'$	U'			
$\xi'y'$	U'			
$\xi'\eta'$	V'			W

Jedes dieser Eikonale hängt von vier Variablen ab, und zwar sind diese Variablen am Anfang der Zeilen und der Kolonnen vermerkt, die sich im Feld kreuzen, das dem betreffenden Eikonal zugeordnet ist. Nach unserem Resultat kann in jeder Zeile und in jeder Kolonne mindestens ein Eikonal gefunden werden, durch welche eine gegebene kanonische Transformation dargestellt werden kann. Es sind aber nur einige der sechzehn Zellen des Schemas, die möglichen Eikonalen entsprechen, mit Bezeichnungen versehen worden, weil die in die frei gebliebenen Zellen aufzunehmenden Eikonale in der Praxis überhaupt nicht benutzt werden[60]. Nämlich außer den Eikonalen E, V, U, die wir bisher betrachtet haben, kommen für die praktische Optik in Betracht nur noch die Eikonale U' und V', die man durch Vertauschung des Objekt- und des Bildraumes aus U

---

[60] Für die Theorie der charakteristischen Funktionen HAMILTONS, die der Theorie der Eikonale verwandt ist (vgl. § 64), trifft die obige Bemerkung nicht zu. HAMILTON hat eine charakteristische Funktion S benutzt (Mathem. Papers S. 268), die in jedem der aufeinander optisch abgebildeten Räume teilweise von Punkt-, teilweise von Richtungskoordinaten abhängt. Ein Eikonal, das diese Eigenschaft besitzt, würde z. B. in der dritten Zelle der dritten Zeile verzeichnet werden müssen.

und V erhält, und das *Winkel*eikonal $W(\xi, \eta, \xi', \eta')$, für welches folgende Formeln gelten:

$$x = W_\xi, \qquad y = W_\eta, \qquad x' = -W_{\xi'}, \qquad y' = -W_{\eta'}, \qquad (45.1)$$

$$\begin{vmatrix} W_{\xi\xi'}, & W_{\xi\eta'} \\ W_{\eta\xi'}, & W_{\eta\eta'} \end{vmatrix} \neq 0, \qquad (45.2)$$

$$\Psi = W(\xi, \eta, \Xi, H) + X\Xi + YH - x\xi - y\eta. \qquad (45.3)$$

46. Es kann natürlich vorkommen, und dies ist der allgemeine Fall, daß alle sechzehn Eikonale, von denen wir gesprochen haben, gleichzeitig für die Beschreibung einer und derselben kanonischen Transformation geeignet sind. Aber auch in diesen Fällen gibt es viele praktische Gründe, um, je nach dem zu behandelnden Problem, das eine oder das andere Formelsystem vorzuziehen. Einen Fingerzeig über die zu treffende Wahl erhält man bei der Betrachtung der Grenzfälle, bei welchen einige der Eikonale von vornherein ausgeschlossen sind.

Wir wollen deshalb die verschiedenen Einschränkungen betrachten, denen z. B. die Funktion $E(x, y, x', y')$ unterworfen ist, wenn eine oder mehrere unter den drei ersten Funktionaldeterminanten (40.2) identisch verschwindet.

Ist erstens

$$\frac{\partial(X, Y)}{\partial(y, \xi)} \equiv 0, \qquad (46.1)$$

so kann man aus den Gleichungen (42.2) die Variablen y und ξ gleichzeitig eliminieren und erhält eine Relation der Form $\Phi(x, \eta, x', y') = 0$. Da aber nach Voraussetzung x, y, x', y' als unabhängige Variablen benutzt werden sollen, kann unsere Bedingungsgleichung in der Form geschrieben werden $\eta = \eta(x, x', y')$. Nach (42.7) folgt dann, daß E_y unabhängig von y ist und daß infolgedessen das Eikonal die Gestalt

$$E = \varepsilon_0(x, x', y') + y\,\varepsilon_1(x, x', y') \qquad (46.2)$$

besitzt. Es ist selbstverständlich, daß umgekehrt die Bedingung (46.1) erfüllt ist, wenn E in der Form (46.2) erscheint.

Der Fall, daß die zweite Determinante (40.2) identisch verschwindet, ist ganz ähnlich zu behandeln.

Übrigens folgt hieraus, daß, wenn man gleichzeitig hat

$$\frac{\partial(X, Y)}{\partial(y, \xi)} \equiv 0, \qquad \frac{\partial(X, Y)}{\partial(x, \eta)} \equiv 0, \qquad (46.3)$$

das Eikonal E notwendig die Gestalt haben muß

$$E = \varepsilon_0(x', y') + y\,\varepsilon_1(x', y') + x\,\varepsilon_2(x', y') + xy\,\varepsilon_3(x', y'). \qquad (46.4)$$

Nehmen wir jetzt aber an, es sei die Funktionaldeterminante

$$\frac{\partial(X, Y)}{\partial(x, y)} \equiv 0, \qquad (46.5)$$

und zwar sie allein, so besteht eine Relation $\Phi(\xi, \eta, x', y') = 0$, die nach (42.7) geschrieben werden kann

$$\Phi(-E_x, -E_y, x', y') = 0. \tag{46.6}$$

Diese Beziehung ist viel komplizierter zu behandeln als die entsprechenden Beziehungen in den vorhergehenden Fällen. Wird indessen an Stelle des Eikonals E (x, y, x', y') das *schiefe Eikonal* $U(x, \eta, x', y')$ des § 44 gewählt, so folgt aus (46.5), wenn man die erste Gleichung (44.5) beachtet, daß *U linear in x sein muß*.

Wir können also behaupten, daß jedesmal, wo eine Relation der Gestalt $\Phi(\xi, \eta, x', y') = 0$ besteht, ohne daß eine der Identitäten (46.3) stattfindet, ein klassischer Fall vorliegt, in welchem man das schiefe Eikonal zu benutzen hat. Dies dürfte auch der Fall sein, wenn in der Umgebung eines Punktes die Bedingung $\Phi = 0$ *angenähert* erfüllt ist.

Ist dagegen nicht nur (46.5), sondern z. B. auch (46.1) erfüllt, so besteht kein Grund, um das Eikonal E durch ein schiefes Eikonal zu ersetzen. Es ist nämlich hier möglich, die Bedingung für die Funktion (46.2) aufzustellen, die die Relation (46.6) nach sich zieht. Man muß ja in diesem Falle fordern, daß aus den Gleichungen

$$-\xi = \frac{\partial \varepsilon_0}{\partial x} + y \frac{\partial \varepsilon_1}{\partial x}, \qquad -\eta = \varepsilon_1(x, x', y')$$

gleichzeitig x und y eliminiert werden können. Dies ist aber dann und nur dann der Fall, wenn ε_1 nicht von x abhängt, d. h. wenn

$$E = \varepsilon_0(x, x', y') + y \, \varepsilon_1(x', y') \tag{46.7}$$

ist.

Es bleibt noch der letzte Fall zu besprechen, in welchem die drei Identitäten (46.3) und (46.5) gleichzeitig stattfinden. Dann muß E sowohl die Gestalt (46.4) als auch die Gestalt (46.7) aufweisen; man findet für E die Form

$$E = \varepsilon_0(x', y') + y \, \varepsilon_1(x', y') + x \, \varepsilon_2(x', y'). \tag{46.8}$$

47. Halbteleskopische, stigmatische und teleskopische Abbildungen. Das Eikonal (46.8) besitzt eine bemerkenswerte Eigenschaft. Nach den früheren Formeln muß nämlich

$$\xi = -E_x = -\varepsilon_2(x', y'), \qquad \eta = -E_y = -\varepsilon_1(x', y') \tag{47.1}$$

und folglich auch

$$x' = X(\xi, \eta), \qquad y' = Y(\xi, \eta) \tag{47.2}$$

sein. Die Funktionen X, Y sind unabhängig von x, y, was man übrigens aus dem Resultat des § 41 hätte auch direkt folgern können.

Ist der Objektraum isotrop und homogen und die Koordinaten rechtwinklig, so besagen die vorigen Gleichungen, daß parallele Lichtstrahlen des Objektraumes nach dem Durchgang durch das Instrument in ein stigmatisches Lichtbündel transformiert werden. Die Strahlenabbildung heißt dann *halbteleskopisch*.

Eine halbteleskopische Strahlenabbildung, bei der die rechten Seiten von (47.2) gegeben sind, wird mit Vorteil auch durch ein Winkeleikonal (§ 45) dargestellt. Man findet ebenso wie früher, daß W die Gestalt haben muß

$$W = \omega_0(\xi, \eta) - \xi' X(\xi, \eta) - \eta' Y(\xi, \eta). \tag{47.3}$$

Damit die beiden Eikonale (46.8) und (47.3) dieselbe Strahlenabbildung darstellen, müssen erstens die beiden Gleichungssysteme (47.1) und (47.2) äquivalent sein, und zweitens muß

$$\omega_0(\xi, \eta) = \varepsilon_0(X(\xi, \eta), Y(\xi, \eta))$$

sein. Diese letzte Gleichung erhält man aus unseren früheren Formeln, wenn man (45.3) beachtet, und benutzt, daß $\Psi(x, y, -\varepsilon_2, -\varepsilon_1) = E$ ist.

48. Ganz ähnliche Resultate erhält man, wenn man verlangt, daß die Strahlenabbildung *stigmatisch* sein soll, d. h. daß die Punkte der xy- und der $x'y'$-Ebene eineindeutig aufeinander bezogen werden sollen. Dann muß man nämlich haben

$$x' = X(x, y), \quad y' = Y(x, y), \tag{48.1}$$

und aus diesen Gleichungen folgt, daß die Eikonale E, U, U', die in der ersten Zeile und in der ersten Kolonne der Tabelle des § 45 erscheinen, alle unbrauchbar sind und daß man daher entweder das gemischte Eikonal V oder das gemischte Eikonal V' benutzen muß. Da zwischen den Größen (x, y, x', η') und zwischen den Größen (x, y, y', ξ') nach (48.1) je eine Relation bestehen muß, zeigt ein ganz analoger Schluß, wie derjenige, der uns (46.4) geliefert hat, daß $V'(x, y, \xi', \eta')$ notwendig von der Form

$$V' = \omega_0(x, y) + \omega_1(x, y)\xi' + \omega_2(x, y)\eta' + \omega_3(x, y)\xi'\eta' \tag{48.2}$$

sein muß. Die zu diesem Eikonal gehörenden Gleichungen

$$x' = V'_{\xi'}, \quad y' = V'_{\eta'}, \tag{48.3}$$

sind aber dann und nur dann den Gleichungen (48.1) äquivalent, wenn

$$V' = \omega_0(x, y) + \xi' X(x, y) + \eta' Y(x, y) \tag{48.4}$$

genommen wird. Zu diesen Gleichungen müssen nach dem § 43 noch die Beziehungen

$$\frac{\partial(X, Y)}{\partial(x, y)} \neq 0, \tag{48.5}$$

$$\xi = \frac{\partial \omega_0}{\partial x} + \xi'\frac{\partial X}{\partial x} + \eta'\frac{\partial Y}{\partial x}, \tag{48.6}$$

$$\eta = \frac{\partial \omega_0}{\partial y} + \xi'\frac{\partial X}{\partial y} + \eta'\frac{\partial Y}{\partial y}, \tag{48.7}$$

$$\Psi = -\omega_0(x, y) \tag{48.8}$$

hinzugefügt werden, damit die kanonische Transformation vollständig berechnet werden kann.

49. Eine dritte Art von Strahlenabbildungen, die in gleicher Weise singulär sind wie die beiden zuletzt behandelten, sind die sog. *teleskopischen* Strahlenabbildungen, bei denen die Funktionen $\varXi, H$ nur von ξ und η, nicht aber von x, y abhängen. Sind die Koordinaten des Objekt- und des Bildraumes cartesisch, so bedeutet dies, daß parallele Strahlen nach dem Durchgang durch das Instrument wiederum parallel bleiben. Man überlegt sich genau, wie im vorigen Paragraphen, daß von allen üblichen Eikonalen wieder die gemischten Eikonale V und V' die einzigen brauchbaren sind und daß man z. B. setzen muß

$$V(\xi, \eta, x', y') = \varPsi(\xi, \eta) + x'\varXi(\xi, \eta) + y'H(\xi, \eta), \qquad (49.1)$$

$$\frac{\partial(\varXi, H)}{\partial(\xi, \eta)} \neq 0, \qquad (49.2)$$

$$x = \varPsi_\xi + x'\varXi_\xi + y'H_\xi, \qquad (49.3)$$

$$y = \varPsi_\eta + x'\varXi_\eta + y'H_\eta, \qquad (49.4)$$

$$\xi' = \varXi(\xi, \eta), \quad \eta' = H(\xi, \eta), \qquad (49.5)$$

$$\varPsi = V - \xi V_\xi - \eta V_\eta. \qquad (49.6)$$

50. Allgemeinste Strahlenabbildungen, für welche die vier Eikonale *E*, *V*, *V'*, *W* nicht verwendbar sind. Bei den üblichen Darstellungen der Theorie des Eikonals wird stillschweigend angenommen, daß man alle möglichen Strahlenabbildungen (oder wenigstens alle solche Abbildungen, die nicht vollständig trivial sind) mindestens durch eines der gewöhnlichen Eikonale E, V, V' und W darstellen kann. Dies ist aber ein Irrtum: es gibt Abbildungen, die sich nur durch Eikonale beschreiben lassen, die nicht bilinear in den auftretenden Veränderlichen sind und bei welchen keine der Variablenkombinationen, die in E, V, V' und W benutzt werden, als unabhängige Veränderliche gewählt werden kann. Diese Eikonale sind aber nicht sehr zahlreich, und wir wollen sie deshalb alle aufstellen, da es sich um eine Erkenntnis handelt, die unter Umständen wertvoll sein kann. Wir verlangen also, daß zwischen den acht Variablen $(x, \ldots, \eta')$ vier Beziehungen von der Gestalt

$$K(x, y, x', y') = 0, \quad \varLambda(x, y, \xi', \eta') = 0, \qquad (50.1)$$

$$M(\xi, \eta, x', y') = 0, \quad N(\xi, \eta, \xi', \eta') = 0 \qquad (50.2)$$

bestehen sollen.

Indem man im Bedarfsfalle die Koordinatenpaare x', ξ' und y', η' miteinander vertauscht, kann man nach der allgemeinen Theorie immer erreichen, daß das schiefe Eikonal $U'(x, y, x', \eta')$ zur Darstellung unserer Strahlenabbildung benutzt werden kann. Die Größen ξ, η, y', ξ' berechnen wir mit Hilfe der Formel

$$dU' = -\xi' dx' + y' d\eta' + \xi dx + \eta dy. \qquad (50.3)$$

Wegen des Bestehens der Beziehungen (50.1) folgert man hierauf, ähnlich wie im § 46, daß U' die Gestalt haben muß

$$U' = A(x, y)\, x'\eta' + B(x, y)\, \eta' + C(x, y)\, x' + D(x, y). \qquad (50.4)$$

Der der Funktionaldeterminante (42.11) entsprechende Ausdruck hat hier die Gestalt

$$\begin{vmatrix} A_x x' + B_x, & A_y x' + B_y \\ A_x \eta' + C_x, & A_y \eta' + C_y \end{vmatrix};$$

da dieser Ausdruck nach der allgemeinen Theorie nicht verschwinden darf, muß mindestens eine der Funktionaldeterminanten

$$\frac{\partial(A, B)}{\partial(x, y)}, \qquad \frac{\partial(A, C)}{\partial(x, y)}, \qquad \frac{\partial(B, C)}{\partial(x, y)} \qquad (50.5)$$

von Null verschieden sein.

Weiter müssen nun die Identitäten (50.2) erfüllt sein, die bei Benutzung des Eikonals (50.3) die Gestalt haben

$$M(U'_x, U'_y, x', Ax' + B) = 0, \quad N(U'_x, U'_y, -(A\eta' + C'), \eta') = 0. \quad (50.6)$$

Wir differentiieren die erste dieser Gleichungen nacheinander partiell nach x, y, η' und erhalten

$$M_\xi U'_{xx} \; + \qquad M_\eta U'_{xy} \; + \quad M_{y'}(A_x x' + B_x) = 0,$$
$$M_\xi U'_{xy} \; + \qquad M_\eta U'_{yy} \; + \quad M_{y'}(A_y x' + B_y) = 0,$$
$$M_\xi (A_x x' + B_x) + M_\eta (A_y x' + B_y) \qquad\qquad\quad = 0.$$

Die drei Funktionen M_ξ, M_η, M_y können nicht gleichzeitig identisch verschwinden, da sonst die Variable x' nicht als eine der unabhängigen Variablen gewählt werden könnte; aus dem letzten Gleichungssystem folgt demnach die Identität:

$$(A_y x' + B_y)^2 U'_{xx} - 2(A_y x' + B_y)(A_x x' + B_x)U'_{xy} + (A_x x' + B_x)^2 U'_{yy} = 0.$$

Eine ähnliche Identität erhält man aus der zweiten Gleichung (50.6). Die linken Seiten dieser Gleichungen stellen Polynome in x' und η' dar, deren Koeffizienten alle verschwinden müssen. Um diese Bedingungen bequem hinschreiben zu können, führen wir das Symbol ein:

$$\{\varphi\chi, \psi\} = \varphi_y \chi_y \psi_{xx} - (\varphi_y \chi_x + \varphi_x \chi_y)\psi_{xy} + \varphi_x \chi_x \psi_{yy}. \qquad (50.7)$$

Unsere Bedingungen werden dann durch folgende fünfzehn partielle Differentialgleichungen zweiter Ordnung dargestellt:

$$\{AA, A\} = 0, \quad \{AA, B\} = 0, \quad \{AA, C\} = 0, \qquad (50.8)$$
$$\{AB, A\} = 0, \quad \{AC, A\} = 0, \qquad\qquad\qquad (50.9)$$
$$\{BB, A\} + 2\{AB, B\} = 0, \quad \{CC, A\} + 2\{AC, C\} = 0, \qquad (50.10)$$
$$\{BB, B\} = 0, \quad \{CC, C\} = 0, \qquad\qquad\qquad (50.11)$$
$$\{AA, D\} = -2\{AB, C\} = -2\{AC, B\}, \qquad\qquad (50.12)$$
$$\{BB, C\} + 2\{AB, D\} = 0, \quad \{CC, B\} + 2\{AC, D\} = 0, \qquad (50.13)$$
$$\{BB, D\} = 0, \quad \{CC, D\} = 0. \qquad\qquad\qquad (50.14)$$

51. Wir müssen nun die allgemeinsten gemeinsamen Integrale dieser fünfzehn Gleichungen aufstellen. Die Integration dieser Differentialgleichungen führt zu grundsätzlich verschiedenen Rechnungen, je nachdem $A(x, y)$ konstant ist oder nicht. Die Schlußresultate gehen allerdings, wie man nachträglich verifiziert, durch eine elementare Transformation der Veränderlichen ineinander über (vgl. § 55).

Im Falle, daß $A(x, y)$ variabel ist, kann man (nötigenfalls nach Vertauschung von x mit y) immer voraussetzen, daß

$$A_x \neq 0 \tag{51.1}$$

sei. Infolgedessen kann man A und y als unabhängige Veränderliche einführen und insbesondere

$$x = F(A, y) \tag{51.2}$$

setzen. Für eine willkürliche Funktion $\Phi(x, y)$ kann man dann schreiben

$$\Phi(x, y) = \varphi(A, y), \tag{51.3}$$

und mit diesen Bezeichnungen gilt somit die Identität

$$\{AA, \Phi\} = \varphi_A \{AA, A\} + \varphi_{yy} A_x^2. \tag{51.4}$$

Aus den Gleichungen (50.8) folgt dann, daß man setzen kann

$$B = f_1(A) + y g_1(A), \quad C = f_2(A) + y g_2(A). \tag{51.5}$$

Es gelten daher jetzt die Gleichungen

$$\left.\begin{array}{ll} \dfrac{\partial(A, B)}{\partial(x, y)} = A_x g_1, & \dfrac{\partial(A, C)}{\partial(x, y)} = A_x g_2, \\[2mm] \dfrac{\partial(B, C)}{\partial(x, y)} = A_x [g_2(f_1' + y g_1') - g_1(f_2' + y g_2')], \end{array}\right\} \tag{51.6}$$

aus denen man entnimmt, daß die Determinanten (50.5) nur dann nicht gleichzeitig verschwinden, wenn mindestens eine der beiden Funktionen g_1 oder g_2 von Null verschieden ist. Wir nehmen z. B. an, daß

$$g_1(A) \neq 0 \tag{51.7}$$

sei. Wenn man nun die Gleichungen (50.9) beachtet und die spezielle Gestalt (51.5) der Funktionen $B(x, y)$ und $C(x, y)$ benutzt, so erhält man die Identitäten

$$\frac{1}{A_x^2} \{AB, \Phi\} = -\varphi_{Ay} g_1 + \varphi_{yy} (f_1' + y g_1'), \tag{51.8}$$

$$\frac{1}{A_x^2} \{AC, \Phi\} = -\varphi_{Ay} g_2 + \varphi_{yy} (f_2' + y g_2'), \tag{51.9}$$

aus denen folgt

$$\frac{1}{A_x^2} \{AB, C\} = -g_2' g_1, \qquad \frac{1}{A_x^2} \{AC, B\} = -g_1' g_2.$$

Daher kann die zweite Gleichung (50.12) jetzt geschrieben werden $g_2'g_1 = g_1'g_2$; es gilt also die Beziehung

$$g_2 = r \cdot g_1 , \qquad (51.10)$$

worin r eine Konstante ist, die evtl. Null sein kann. Danach hat man schließlich noch

$$\frac{1}{A_x^2}\{AB, C\} = -r g_1 g_1' . \qquad (51.11)$$

52. Aus (51.8) und (51.9) errechnet man jetzt

$$\frac{1}{A_x^2}\{AB, B\} = -g_1 g_1' , \qquad \frac{1}{A_x^2}\{AC, C\} = -g_2 g_2' = -r^2 g_1 g_1' , \qquad (52.1)$$

so daß aus den Gleichungen (50.10) nunmehr folgt

$$\frac{1}{A_x^2}\{BB, A\} = 2 g_1 g_1' , \qquad \frac{1}{A_x^2}\{CC, A\} = 2 r^2 g_1 g_1' . \qquad (52.2)$$

Diese Gleichungen, in Verbindung mit unseren früheren Resultaten, erlauben uns dann zu schreiben

$$\left.\begin{aligned}\frac{1}{A_x^2}\{BB, \varPhi\} = {} & 2 g_1 g_1' \varphi_A + g_1^2 \varphi_{AA} - 2 g_1 (f_1' + y g_1') \varphi_{Ay} \\ & + (f_1' + y g_1')^2 \varphi_{yy} ,\end{aligned}\right\} \qquad (52.3)$$

$$\left.\begin{aligned}\frac{1}{A_x^2}\{CC, \varPhi\} = {} & 2 r^2 g_1 g_1' \varphi_A + r^2 g_1^2 \varphi_{AA} - 2 r g_1 (f_2' + y r g_1') \varphi_{Ay} \\ & + (f_2' + y r g_1')^2 \varphi_{yy} .\end{aligned}\right\} \qquad (52.4)$$

Hieraus entnimmt man sofort

$$\frac{1}{A_x^2}\{BB, B\} = g_1^2 (f_1'' + y g_1'') , \qquad \frac{1}{A_x^2}\{CC, C\} = r^2 g_1^2 (f_2'' + y r g_1'') , \qquad (52.5)$$

und aus den Gleichungen (50.11), die für alle Werte von y erfüllt sein müssen, folgen dann die Relationen

$$g_1'' = 0 , \qquad (52.6)$$

$$f_1'' = 0 , \qquad r f_2'' = 0 . \qquad (52.7)$$

53. Setzen wir jetzt $D = \delta(A, y)$, so folgt aus (50.12), in Verbindung mit (51.4) und mit (51.11),

$$\delta_{yy} = 2 r g_1 g_1' , \qquad (53.1)$$

so daß wir setzen können

$$D = f_3(A) + y g_3(A) + y^2 r g_1 g_1' . \qquad (53.2)$$

Wenn wir mit diesen Formeln $\{BB, C\}$ und $\{AB, D\}$ ausrechnen, so folgt aus der ersten Gleichung (50.13) die Relation

$$g_1 f_2'' + 2 g_1' f_2' = 2 (g_3' - r g_1' f_1') . \qquad (53.3)$$

Ebenso behandelt man die Gleichung $\{BB, D\} = 0$ und findet, nachdem sich herausgestellt hat, daß der Koeffizient von y^2 identisch verschwindet, die beiden Bedingungen

$$g_3'' = 0, \tag{53.4}$$

$$g_1 f_3'' + 2 g_1' f_2' = 2 f_1' (g_3' - r g_1' f_1'). \tag{53.5}$$

54. Die Gleichungen (52.6), (52.7), (51.10), in Verbindung mit den drei letzten Gleichungen, erlauben uns die sechs Funktionen $f_1, \ldots, g_3$ explizite auszurechnen. Wenn wir bemerken, daß wir immer bei der Aufstellung des Eikonals U' von einer linearen Funktion der Veränderlichen absehen können, die nur eine Verschiebung des Anfangspunktes der Koordinaten hervorrufen würde, können wir, nach geeigneter Wahl der Anfangspunkte der η-, der y'- und der ξ'-Achse, setzen:

$$g_1 = \beta (A - a), \qquad g_2 = r \beta (A - a), \qquad g_3 = s \beta (A - a), \tag{54.1}$$

$$f_1 = \alpha (A - a), \tag{54.2}$$

$$f_2 = (s - r \alpha) (A - a) + \frac{\mu_2}{A - a}, \tag{54.3}$$

$$f_3 = \alpha (s - r \alpha) (A - a) + \frac{\mu_3}{A - a}. \tag{54.4}$$

Außerdem muß, wegen der zweiten Gleichung (52.7) und wegen (51.7)

$$r \mu_2 = 0, \qquad \beta \neq 0 \tag{54.5}$$

sein.

Um nun auch $A(x, y)$ auszurechnen, bemerken wir, daß nach der obigen Methode aus

$$\{AA, x\} = 0, \qquad \{AB, x\} = 0, \qquad \{BB, x\} = 0 \tag{54.6}$$

folgt

$$x = f(A) + y g(A), \qquad g' = 0, \qquad g_1 f'' + 2 g_1' f' = 0. \tag{54.7}$$

Bei geeigneter Wahl des Anfangspunktes der x-Achse kann man deshalb schreiben:

$$A - a = \frac{1}{\beta (p x + q y)} \qquad (p \neq 0, \ \beta \neq 0). \tag{54.8}$$

55. Nach diesen Rechnungen finden wir, daß das Eikonal (50.4) die Gestalt

$$U' = a x' \eta' + \frac{(x' + \alpha + \beta y)(\eta' + s - r(\alpha - \beta y))}{\beta (p x + q y)} + \mu_2 \beta x'(p x + q y) \tag{55.1}$$

haben muß. Durch eine geeignete Verschiebung des Anfangspunktes der Koordinaten kann man schließlich erreichen, daß die Konstanten α und s beide den Wert Null erhalten und die gewünschte Strahlenabbildung aus dem schiefen Eikonal

$$U' = a x' \eta' + \frac{(x' + \beta y)(\eta' + r \beta y)}{\beta (p x + q y)} + \frac{b}{p \beta} x'(p x + q y) \tag{55.2}$$

berechnen.

Da in diesem Ausdruck $p\beta \neq 0$ und $rb = 0$ sein muß, haben wir zwei wesentlich verschiedene Fälle zu betrachten. Im ersten dieser Fälle ist $r \neq 0$ und $b = 0$, und man erhält:

$$\left.\begin{aligned}
x' &= -\beta y \;\; + \frac{px + qy}{2pr}\left(p\eta - q\xi - \sqrt{(p\eta - q\xi)^2 + 4pr\beta\xi}\right),\\[4pt]
y' &= -a\beta y + \frac{1 + a\beta(px + qy)}{2pr\beta}\left(p\eta - q\xi - \sqrt{(p\eta - q\xi)^2 + 4pr\beta\xi}\right),\\[4pt]
\xi' &= ar\beta y - \frac{1 + a\beta(px + qy)}{2p\beta}\left(p\eta - q\xi + \sqrt{(p\eta - q\xi)^2 + 4pr\beta\xi}\right),\\[4pt]
\eta' &= -r\beta y + \frac{px + qy}{2p}\left(p\eta - q\xi + \sqrt{(p\eta - q\xi)^2 + 4pr\beta\xi}\right).
\end{aligned}\right\} \quad (55.3)$$

Im zweiten Fall ist $b \neq 0$ und $r = 0$, und man erhält:

$$\left.\begin{aligned}
x' &= \frac{\beta p(x\xi + y\eta)}{b(px + qy) - (p\eta - q\xi)},\\[4pt]
y' &= \frac{a\beta p(x\xi + y\eta) + \xi + by}{b(px + qy) - (p\eta - q\xi)},\\[4pt]
\xi' &= -\frac{b}{p\beta}(px + qy) - \frac{1 + a\beta(px + qy)}{p\beta}(p\eta - q\xi),\\[4pt]
\eta' &= \frac{1}{p}(px + qy)(p\eta - q\xi).
\end{aligned}\right\} \quad (55.4)$$

Falls endlich r und b gleichzeitig verschwinden, so fallen beide Formelsysteme zusammen.

Es ist nunmehr sehr leicht zu verifizieren, daß bei allen diesen Formelsystemen vier Beziehungen der Gestalt (50.1) und (50.2) immer bestehen müssen. Man sieht z. B. sofort, daß man aus den beiden ersten Gleichungen (53.3) sowohl x und y gleichzeitig eliminieren kann als auch ξ und η; ferner daß die beiden letzten Gleichungen (55.3) ähnliche Eigenschaften besitzen. Für die Gleichungen (55.4) folgt dieses selbe Resultat einmal aus den Gleichungen

$$y' - ax' = \frac{x' + \beta y}{\beta(px + qy)} = \frac{bx' - \beta\xi}{\beta(p\eta - q\xi)},$$

dann aber aus der Vergleichung der letzten Gleichung (55.4) mit der Relation

$$-p\beta(\xi' + a\eta') = b(px + qy) + (p\eta - q\xi).$$

Der Fall, daß $A(x, y)$ eine Konstante ist, kann mit denselben Mitteln behandelt werden. Da die letzte der Determinanten (50.5) von Null verschieden sein muß, kann man z. B. die Größen B und y als unabhängige Variablen nehmen. Von den fünfzehn Differentialgleichungen am Ende des § 50 sind dann neun identisch erfüllt und die übrigen führen zu Schlußformeln, die aus den Formelsystemen (55.3) oder (55.4) im wesentlichen dadurch entstehen, daß man die Variablenpaare xy und $x'y'$ mit $\xi\eta$ bzw. mit $\xi'\eta'$ vertauscht. Man erhält also sämtliche Strahlenabbildungen, die mit Hilfe von keinem der Eikonale E, V, V', W

erzeugt werden können, aus diesen Formeln durch ganz elementare Transformationen oder Vertauschungen der Koordinaten.

56. Rotationssymmetrische Systeme. Die für die Anwendungen wichtigsten Strahlenabbildungen sind diejenigen, die rotationssymmetrisch sind. Hierunter wird folgendes verstanden: ersetzt man in den rechten Seiten der Gleichungen (33.1) die Variablen x, y, ξ, η durch

$$\left.\begin{aligned} \bar{x} &= x\cos\vartheta - y\sin\vartheta, & \bar{y} &= x\sin\vartheta + y\cos\vartheta, \\ \bar{\xi} &= \xi\cos\vartheta - \eta\sin\vartheta, & \bar{\eta} &= \xi\sin\vartheta + \eta\cos\vartheta, \end{aligned}\right\} \quad (56.1)$$

und bezeichnet man mit $\bar{x}', \bar{y}', \bar{\xi}', \bar{\eta}'$ die neuen Werte der Funktionen $X, \dots$, so sollen diese Werte mit den früheren durch die Gleichungen

$$\left.\begin{aligned} \bar{x}' &= x'\cos\vartheta - y'\sin\vartheta, & \bar{y}' &= x'\sin\vartheta + y'\cos\vartheta, \\ \bar{\xi}' &= \xi'\cos\vartheta - \eta'\sin\vartheta, & \bar{\eta}' &= \xi'\sin\vartheta + \eta'\cos\vartheta \end{aligned}\right\} \quad (56.2)$$

zusammenhängen. Werden die Punkte des Objekt- bzw. des Bildraumes durch rechtwinklige Koordinaten t, x, y bzw. t', x', y' festgelegt, so besagt diese Forderung, daß bei einer Rotation des Objektraumes um die Achse t und einer Rotation des Bildraumes um t' die Strahlenabbildung unverändert bleibt, falls der Rotationswinkel ϑ in beiden Fällen derselbe ist.

Nehmen wir nun an, die Strahlenabbildung werde mit Hilfe eines Eikonals $E(x, y, x', y')$ berechnet. Dann müssen für alle Werte von ϑ die Gleichungen

$$\left.\begin{aligned} \bar{\xi} &= -E_x(\bar{x}, \bar{y}, \bar{x}', \bar{y}'), & \bar{\eta} &= -E_y(\bar{x}, \bar{y}, \bar{x}', \bar{y}'), \\ \bar{\xi}' &= E_{x'}(\bar{x}, \bar{y}, \bar{x}', \bar{y}'), & \bar{\eta}' &= E_{y'}(\bar{x}, \bar{y}, \bar{x}', \bar{y}') \end{aligned}\right\} \quad (56.3)$$

erfüllt sein, wenn man die Größen $\bar{x}, \dots, \bar{\eta}'$ durch die rechten Seiten von (56.1) und (56.2) ersetzt. Wir betrachten jetzt die erste partielle Ableitung nach x der Funktion

$$\left.\begin{aligned} &\Omega(x, y, x', y'\,\vartheta) \\ &=E(x\cos\vartheta-y\sin\vartheta, x\sin\vartheta+y\cos\vartheta, x'\cos\vartheta-y'\sin\vartheta, x'\sin\vartheta+y'\cos\vartheta) \end{aligned}\right\} (56.4)$$

und erhalten mit Berücksichtigung von (56.3) und (56.1)

$$\Omega_x = -\cos\vartheta\,\bar{\xi} - \sin\vartheta\,\bar{\eta} = -\xi.$$

Es ist also $\Omega_x = E_x(x, y, x', y')$, und ganz ebenso beweist man die Gleichungen $\Omega_y = E_y$, $\Omega_{x'} = E_{x'}$ und $\Omega_{y'} = E_{y'}$. Hieraus folgt aber

$$\Omega(x, y, x', y', \vartheta) = E(x, y, x', y') + f(\vartheta). \qquad (56.5)$$

Differentiiert man diese letzte Gleichung nach ϑ und setzt nachträglich $\vartheta = 0$, so folgt, wenn man noch die Bezeichnung $f'(0) = \lambda$ benutzt, die partielle Differentialgleichung erster Ordnung

$$-yE_x + xE_y - y'E_{x'} + x'E_{y'} = \lambda \qquad (56.6)$$

als die Bedingung, der das Eikonal eines rotationssymmetrischen Systems genügen muß. Ein partikuläres Integral dieser partiellen Differentialgleichung ist $\lambda \arctan \frac{y}{x}$; partikuläre Integrale der homogenen Differentialgleichung (56.6) für $\lambda = 0$ sind ferner die Funktionen

$$2a = x^2 + y^2, \quad b = xx' + yy', \quad 2c = x'^2 + y'^2. \tag{56,7}$$

Somit folgt schließlich nach der Theorie der linearen partiellen Differentialgleichungen erster Ordnung[61], daß das Eikonal E hier die Gestalt haben muß

$$E = \mathcal{C}(a, b, c) + \lambda \arctan \frac{y}{x}. \tag{56.8}$$

Man verifiziert nachträglich, daß umgekehrt jedes Eikonal, das die Gestalt (56.8) besitzt, eine rotationssymmetrische Strahlenabbildung erzeugt.

57. Dieses Resultat ruft mehrere Bemerkungen hervor:

Ist erstens E in der Umgebung des Punktes $x = y = 0$ eine *eindeutige* Funktion der Variablen (x, y), so muß notwendig $\lambda = 0$ genommen werden.

Zweitens nehmen wir an, daß E in einer Umgebung desselben Punktes in eine konvergente TAYLORsche Reihe entwickelbar ist und geschrieben werden kann

$$E = P_1(x, y, x', y') + P_2(x, y, x', y') + \cdots, \tag{57.1}$$

wobei $P_n(x, y, x', y')$ ein homogenes Polynom $n$ten Grades in den vier Veränderlichen bedeutet. Man beweist, daß jedes P_n eine Lösung der partiellen Differentialgleichung

$$-y \frac{\partial P_n}{\partial x} + x \frac{\partial P_n}{\partial y} - y' \frac{\partial P_n}{\partial x'} + x' \frac{\partial P_n}{\partial y'} = 0 \tag{57.2}$$

sein muß, d. h. der Differentialgleichung (56.6) mit $\lambda = 0$ genügt.

Ferner bemerke man, daß der Ausdruck

$$d = xy' - yx' = \sqrt{4ac - b^2} \tag{57.3}$$

eine Lösung der homogenen Differentialgleichung (56.6) ist. Man beweist dann, daß die Funktion P_n als Polynom in den vier Ausdrücken a, b, c und d dargestellt werden kann. Wegen der Identität $d^2 = 4ac - b^2$ kann man sogar verlangen, daß P_n linear in d sein soll.

Es ist jetzt sehr leicht, die rechte Seite von (57.1) hinzuschreiben: die Polynome P_1, P_3, P_5, ... verschwinden identisch, P_2 ist ein linear homogener Ausdruck von a, b, c, d, das Polynom P_4 ist quadratisch in a, b, c, d, und wenn man will, kann das Glied in d^2 unterdrückt werden, usf.

Zusatz. Der Beweis der soeben angeführten Eigenschaften der Polynome $P_n(x, y, x', y')$ beruht auf gewissen Schlüssen der formalen Algebra.

---

[61] Variationsrechnung § 22.

Zuerst wird die Richtigkeit der Gleichung (57. 2) verifiziert, indem man die Entwicklung (57. 1) an Stelle von E in die linke Seite von (56. 6) setzt, und den erhaltenen Ausdruck nach homogenen Polynomen entwickelt. Jedes einzelne dieser Polynome muß dann verschwinden und das Polynom $n$ten Grades in der betrachteten Entwicklung fällt mit der linken Seite von (57. 2) zusammen.

Die zweite Behauptung, daß das Polynom P_n auch als Polynom in den Ausdrücken a, b, c und d geschrieben werden kann, wird am einfachsten bewiesen, indem man komplexe Variablen einführt. Wir setzen

$$z = x + iy, \quad \bar{z} = x - iy, \quad z' = x' + iy', \quad \bar{z}' = x' - iy', \qquad (57. 4)$$

wobei i die imaginäre Einheit bedeutet, und rechnen P_n als homogenes Polynom $n$ten Grades $Q\,(z, \bar{z}, z', \bar{z}')$ um. Die Bedingung (57. 2) kann dann durch die andere ersetzt werden, daß Q eine Lösung der partiellen Differentialgleichung

$$z Q_z + z' Q_{z'} = \bar{z} Q_{\bar{z}} + \bar{z}' Q_{\bar{z}'} \qquad (57. 5)$$

sein muß. Diese Gleichung besitzt die Partikularlösungen

$$\alpha = z\bar{z}, \quad \beta = z\bar{z}', \quad \gamma = z'\bar{z}, \quad \delta = z'\bar{z}'. \qquad (57. 6)$$

Wir entnehmen aus diesen Formeln die Relationen

$$\bar{z} = \frac{\alpha}{z}, \quad \bar{z}' = \frac{\beta}{z}, \quad z' = \frac{\gamma z}{\alpha} \qquad (57. 7)$$

und setzen diese letzten Werte in Q ein. Wir erhalten auf diese Weise die Gleichung

$$Q = \sum_{m=-p}^{q} A_m z^m, \qquad (57. 8)$$

in der p und q positive ganze Zahlen sind und die A_m rationale Funktionen von α, β und γ bedeuten. Da nun Q eine Lösung der partiellen Differentialgleichung (57. 5) sein soll, muß der Ausdruck

$$\sum_{m=-p}^{q} m A_m z^m \equiv 0$$

sein, woraus folgt, daß die rechte Seite von (57. 8) aus nur einem Gliede besteht, das von z unabhängig ist. Das Polynom Q kann daher als Polynom von α, β, γ dargestellt werden, das durch eine Potenz von α dividiert ist. Es ist zu zeigen, daß es als Polynom in α, β, γ und δ dargestellt werden kann.

Dieses Resultat folgt durch Induktion aus der folgenden Überlegung: wir nehmen an, ein Polynom in z, $\bar{z}$, z', $\bar{z}'$ könne dargestellt werden durch einen Ausdruck der Form

$$\frac{\tilde{\omega}(\beta, \gamma, \delta)}{\alpha}, \qquad (57. 9)$$

wobei $\tilde{\omega}$ wiederum ein Polynom bedeutet. Da nun $\tilde{\omega}$ nach Einsetzen der Werte (57. 6) sowohl durch z als auch durch $\bar{z}$ teilbar ist, muß

$\tilde{\omega}(\beta, \gamma, \delta)$ sowohl durch β als auch durch γ teilbar sein. Es ist dann auch durch $\beta\gamma = \alpha\delta$ teilbar und man wird den Ausdruck (57.9) jedenfalls auch als Polynom $\tilde{\omega}_1(\beta, \gamma, \delta)$ schreiben können.

Nachdem wir Q als Polynom in α, β, γ und δ dargestellt haben, kehren wir zu unseren ursprünglichen Veränderlichen zurück, mit Hilfe der Formeln

$$\alpha = 2a, \qquad \beta = b - id, \qquad \gamma = b + id, \qquad \delta = 2c, \qquad 57.10$$

und erhalten schließlich die gewünschte Darstellung von P_n als Polynom in a, b, c und d.

58. Ganz entsprechende Resultate wie für E erhält man für die gemischten Eikonale V, V' und für das Winkeleikonal W.

Z. B. muß bei der Rotationssymmetrie das gemischte Eikonal V die Gestalt haben

$$\left.\begin{aligned} V &= \mathcal{V}(a, b, c) + \lambda \operatorname{arctg}\frac{\eta}{\xi}, \\ 2a = \xi^2 + \eta^2, \qquad b &= \xi x' + \eta y', \qquad 2c = x'^2 + y'^2, \end{aligned}\right\} \quad (58.1)$$

während man für das Winkeleikonal W die Formeln erhält

$$\left.\begin{aligned} W &= \mathcal{W}(a, b, c) + \lambda \operatorname{arctg}\frac{\eta}{\xi}, \\ 2a = \xi^2 + \eta^2, \qquad b &= \xi\xi' + \eta\eta', \qquad 2c = \xi'^2 + \eta'^2. \end{aligned}\right\} \quad (58.2)$$

59. Halbteleskopische, stigmatische und teleskopische Strahlenabbildungen können rotationssymmetrisch sein.

Soll z. B. das gemischte Eikonal V' des § 48 eine stigmatische rotationssymmetrische Strahlenabbildung darstellen, so findet man, daß V' die Gestalt haben muß

$$\left.\begin{aligned} V' &= \omega_0(a) + (x\xi' + y\eta')\,\omega_1(a) + (x\eta' - y\xi')\,\omega_2(a) + \lambda \operatorname{arctg}\frac{y}{x} \\ a &= \tfrac{1}{2}(x^2 + y^2). \end{aligned}\right\} \quad (59.1)$$

Dies liefert die Formeln

$$x' = x\,\omega_1 - y\,\omega_2, \qquad y' = y\,\omega_1 + x\,\omega_2, \qquad (59.2)$$

$$\left.\begin{aligned} \xi &= \xi'\omega_1 + \eta'\omega_2 - \lambda\frac{y}{2a} + x\left[\frac{d\omega_0}{da} + (x\xi' + y\eta')\frac{d\omega_1}{da} + (x\eta' - yx')\frac{d\omega_2}{da}\right], \\ \eta &= \eta'\omega_1 - \xi'\omega_2 + \lambda\frac{x}{2a} + y\left[\frac{d\omega_0}{da} + (x\xi' + y\eta')\frac{d\omega_1}{da} + (x\eta' - yx')\frac{d\omega_2}{da}\right]. \end{aligned}\right\} \quad (59.3)$$

Auch wenn $\lambda \neq 0$ ist, ist also diese Strahlenabbildung *eindeutig* innerhalb eines Kreisringes

$$0 < r_0^2 \leqq x^2 + y^2 \leqq r_1^2. \qquad (59.4)$$

Da aber nach (48.8) hier

$$\Psi = -\omega_0(a) - \lambda \operatorname{arctg}\frac{y}{x} \qquad (59.6)$$

gesetzt werden muß, und da die Funktion Ψ im Kreisring (59.5) *mehrdeutig* ist, ist es unmöglich, die durch unser Eikonal hervorgerufene

Strahlenabbildung durch ein rotationssymmetrisches Linsensystem zu realisieren, wenn nicht $\lambda = 0$ ist.

60. Auch bei rotationssymmetrischen Systemen kann es nützlich sein, *schiefe Eikonale* zu benutzen. Um für diesen Fall die Bedingung der Rotationssymmetrie ohne große Rechnungen abzuleiten, bemerken wir, daß wegen der Gleichungen (42.7) und (42.10) sich die Bedingung (56.6) auch schreiben läßt:

$$y\xi - x\eta - y'\xi' + x'\eta' = \lambda. \tag{60.1}$$

Für das schiefe Eikonal $U'(x, y, x', \eta')$ gelten aber die Gleichungen

$$\xi = U'_x, \quad \eta = U'_y, \quad \xi' = -U'_x, \quad y' = U'_\eta, \tag{60.2}$$

und dieses Eikonal erzeugt also dann und nur dann eine rotationssymmetrische Strahlenabbildung, wenn es eine Lösung der partiellen Differentialgleichung

$$y U'_x - x U'_y + U'_{x'} U'_{\eta'} + x'\eta' = \lambda \tag{60.3}$$

ist. Es ist nicht nötig, diese Differentialgleichung allgemein zu integrieren; wir brauchen ja nur den Fall zu betrachten, für welchen die Eikonale E und V' nicht benutzt werden können und daher U' die Gestalt (50.4) haben muß. Setzen wir aber diesen Wert von U' in (60.3) ein, so erhalten wir für die Funktionen A, B, C und D die Bedingungen

$$x A_y - y A_x = A^2 + 1, \tag{60.4}$$

$$x B_y - y B_x = AB, \tag{60.5}$$

$$x C_y - y C_x = AC, \tag{60.6}$$

$$x D_y - y D_x = BC - \lambda. \tag{60.7}$$

Schreiben wir nun $A = \operatorname{tg} \varphi$, so geht (60.4) über in

$$x \varphi_y - y \varphi_x = 1, \tag{60.8}$$

deren allgemeine Lösung geschrieben werden kann

$$\left. \begin{aligned} \varphi &= \operatorname{arc\,tg} \frac{y}{x} - \operatorname{arc\,tg} \alpha(a), \\ a &= \tfrac{1}{2}(x^2 + y^2). \end{aligned} \right\} \tag{60.9}$$

Es folgt hieraus

$$A = \frac{y - x \cdot \alpha(a)}{x + y \cdot \alpha(a)}. \tag{60.10}$$

Setzen wir zweitens

$$u = \frac{1}{x + y\alpha}, \quad v = \frac{y}{x + y\alpha}, \tag{60.11}$$

so finden wir durch Differentiation

$$\left. \begin{aligned} x u_y - y u_x &= u \cdot A, \\ x v_y - y v_x &= \frac{2a}{(x + y\alpha)^2} \end{aligned} \right\} \tag{60.12}$$

und erhalten dann leicht für die Gleichungen (60.5) bis (60.7) die allgemeinen Lösungen

$$B = \frac{\beta(a)}{x + y\,\alpha(a)}, \qquad C = \frac{\gamma(a)}{x + y\,\alpha(a)}, \qquad (60.13)$$

$$D = \frac{\beta(a)\,\gamma(a)}{2a} \frac{y}{x + y\,\alpha(a))} + \delta(a) - \lambda \arctan \frac{y}{x}. \qquad (60.14)$$

In diesen Gleichungen sind die vier Funktionen $\alpha(a)$, $\beta(a)$, $\gamma(a)$, $\delta(a)$ beliebige Funktionen von $a = \dfrac{x^2 + y^2}{2}$.

61. Es ist leicht einzusehen, daß die willkürlichen Funktionen $\alpha, \ldots, \delta$, die in den letzten Formeln vorkommen, nicht so gewählt werden können, daß das Eikonal U' eine der Gestalten erhält, die im § 55 verlangt werden. *Es folgt hieraus, daß jede rotationssymmetrische Strahlenabbildung immer durch mindestens eines der vier Eikonale E, V, V' oder W darstellbar ist.* Diese Behauptung, die immer wieder ausgesprochen worden ist, war wohl bisher noch nie bewiesen worden.

Dagegen kann man leicht Beispiele angeben, bei denen drei der üblichen Eikonale, z. B. die Eikonale E, V und V', nicht in Betracht kommen. Eine derartige Strahlenabbildung erhält man, wenn man in den obigen Formeln α und β konstant wählt und $\gamma = \delta = \lambda = 0$ setzt. Dann kann man immer die Koordinaten so wählen, daß $\alpha = 0$ wird. Das Eikonal hat folglich die Gestalt

$$U' = \frac{y}{x} x'\eta' + \frac{\beta}{x}\eta' \qquad (61.1)$$

und liefert die Strahlenabbildung

$$x' = -\frac{\beta\eta}{x\xi + y\eta}, \qquad y' = \frac{\beta\xi}{x\xi + y\eta}, \qquad (61.2)$$

$$\xi' = \frac{y}{\beta}(x\xi + y\eta), \qquad \eta' = -\frac{x}{\beta}(x\xi + y\eta). \qquad (61.3)$$

Aus diesen Gleichungen folgt

$$xy' - yx' = \beta, \qquad \xi x' + \eta y' = 0, \qquad x\xi' + y\eta' = 0,$$

und diese Relationen zeigen, daß sämtliche Eikonale E, V, V' hier außer Betracht bleiben müssen. Nach unserem Resultat kann daher die Strahlenabbildung, wenn man eines der vier gebräuchlichen Eikonale verwenden will, nur mit Hilfe eines Winkeleikonals W berechnet werden; es ergibt sich, daß man setzen muß

$$W = 2\sqrt{\beta(\eta\xi' - \xi\eta')}. \qquad (61.4)$$

Die rotationssymmetrische Strahlenabbildung, die durch die Gleichungen (61.2) und (61.3) dargestellt wird, besitzt viele bemerkenswerte geometrische Eigenschaften. Außerdem liefert sie eins der einfachsten Beispiele für eine Strahlenabbildung, für welche die Invarianz der LAGRANGEschen Klammer besteht, ohne daß sie mit optischen Mitteln hergestellt werden kann. Dies hängt damit zusammen, daß die Strahlen, für welche in dem einen der Räume der Ausdruck $(x\,\xi + y\,\eta)$ oder der Ausdruck $(x'\,\xi' + y'\,\eta')$ verschwindet, keinem Strahl des anderen Raumes zugeordnet werden können. Falls der Objekt- und der Bildraum homogen und isotrop sind, bilden diese singulären Strahlen quadratische Linienkomplexe, die die Rotationsachse enthalten.

Kapitel IV.

Gekoppelte optische Räume.

62. Darstellung einer Strahlenabbildung im dreidimensionalen Raume. Wir wollen jetzt die *einzelnen Linienelemente* des Objekt- und des Bildraumes einander zuordnen, und zwar so, daß bei einer Strahlenabbildung, bei welcher die LAGRANGEschen Klammern invariant bleiben (§ 31), die Linienelemente je zweier zugeordneter Strahlen des Objekt- und des Bildraumes einander entsprechen sollen.

Um eine derartige Zuordnung von Linienelementen herzustellen, kehren wir zu den Überlegungen am Anfang des vorigen Kapitels und zu den Bezeichnungen des § 31 zurück. Die einander zugeordneten Strahlen werden durch die Parameter a_j, b_j und a'_i, b'_i dargestellt, während die Zuordnung selbst durch die Gleichungen (31.5) definiert wird. Nach dem § 33 muß dann eine Funktion $\psi(a_j, b_j)$ existieren, für welche die Beziehung

$$b'_1\,da'_1 + b'_2\,da'_2 = b_1\,da_1 + b_2\,da_2 + d\psi \qquad (62.1)$$

identisch besteht.

Die Zuordnung der Linienelemente auf einander entsprechenden Strahlen kann man hierauf festlegen durch eine Relation der Form

$$t' = \tau(t,\, a_j,\, b_j), \qquad (62.2)$$

in welcher τ eine sonst willkürliche Funktion bedeutet, die der Bedingung

$$\frac{\partial\tau(t,\, a_j,\, b_j)}{\partial t} \neq 0 \qquad (62.3)$$

genügt.

Wir nehmen ferner an, daß wir uns in einem Bereich der Koordinaten $(t,\, a_j,\, b_j)$ befinden, in welchem die Gleichungen (31.1) existieren und nach den a_j, b_j auflösbar sind, so daß wir schreiben können

$$a_j = a_j(t,\, x_k,\, y_k), \qquad b_j = b_j(t,\, x_k,\, y_k). \qquad (62.4)$$

Durch Einsetzen dieser Werte in (62.2) erhalten wir eine Funktion

$$t' = t'(t,\, x_k,\, y_k) \qquad (62.5)$$

und durch Einsetzen derselben Funktionen in (31.5) weitere Relationen

$$a'_i = a'_i(t,\, x_k,\, y_k), \qquad b'_i = b'_i(t,\, x_k,\, y_k); \qquad (62.6)$$

die wir ihrerseits zusammen mit (62.5) benutzen, um aus (31.3) die Relationen

$$x_i' = x_i'(t, x_k, y_k), \qquad y_i' = y_i'(t, x_k, y_k) \tag{62.7}$$

zu berechnen.

Die Gleichungen (62.5) und (62.7) stellen dann die Zuordnung bzw. die Transformation der Linienelemente dar, die wir untersuchen wollen.

Da die Gleichungen (31.5) eine kanonische Transformation darstellen, sind sie immer auflösbar nach den a_j, b_j, und es folgt hieraus und aus (62.3), daß wir die Gleichungen (62.5) und (62.7) nach t, x_k, y_k auflösen können, so daß auch die Funktionaldeterminante

$$\frac{\partial (t', x_i', y_i')}{\partial (t, x_k, y_k)} \neq 0 \tag{62.8}$$

ist.

Für die Funktionen ξ_i, η_i, die in (31.1) vorkommen, besteht nun die Identität (17.4), aber mit dem Unterschiede, daß wegen der Anfangsbedingungen (31.2) das mit $d\tau$ multiplizierte Glied wegfällt, so daß wir schreiben können

$$-H(t, \xi_j, \eta_j)\,dt + \eta_i\,d\xi_i = d\Omega + b_i\,da_i. \tag{62.9}$$

Ebenso finden wir für die Funktionen ξ_i', η_i', die in (31.3) vorkommen,

$$-H'(t', \xi_j', \eta_j')\,dt' + \eta_i'\,d\xi_i' = d\Omega' + b_i'\,da_i'. \tag{62.10}$$

Beachten wir noch (62.1) und berechnen mit Hilfe der früheren Gleichungen die Funktion

$$\Psi(t, x_k, y_k) = \Omega'(t', a_j', b_j') - \Omega(t, a_j, b_j) + \psi(a_j, b_j), \tag{62.11}$$

so folgt, daß die durch die Gleichungen (62.5) und (62.7) definierte Transformation immer der Bedingung

$$-H'(t', x_i', y_i')\,dt' + y_i'dx_i' = -H(t, x_j, y_j)\,dt + y_j dx_j + d\Psi \tag{62.12}$$

genügen muß.

63. Erweiterte kanonische Transformationen. Es ist bemerkenswert, daß die letzte Beziehung benutzt werden kann, um eine solche Zuordnung von Linienelementen, wie wir sie soeben aufgestellt haben, zu charakterisieren. Um dies zu zeigen, gehen wir von irgendeiner eineindeutigen Zuordnung von Linienelementen aus, die durch Gleichungen der Gestalt (62.5) und (62.7) definiert wird, und nehmen an, daß neben der Bedingung (62.8), die selbstverständlich bestehen muß, auch (62.12) erfüllt ist. Wir berechnen mit Hilfe der Gleichungen (31.1) die Ausdrücke auf den rechten Seiten von (62.5) und (62.7) als Funktionen von t, a_j, b_j und erhalten

$$t' = \tau(t, a_j, b_j), \qquad x_i' = f_i(t, a_j, b_j), \qquad y_i' = g_i(t, a_j, b_j). \tag{63.1}$$

Ferner berechnen wir aus (31.3) die Größen a_k', b_k' als Funktionen von t', x_i', y_i'; durch Einsetzen der Funktionen (63.1) in die so gewonnenen Ausdrücke können wir nunmehr schreiben

$$a_k' = \alpha_k(t, a_j, b_j), \qquad b_k' = \beta_k(t, a_j, b_j). \tag{63.2}$$

Endlich bemerken wir, daß nach Einführung der Funktion

$$\overline{\psi}(t, a_j, b_j) = \Psi(t, \xi_j, \eta_j) + \Omega(t, a_j, b_j) - \Omega'(\tau, \alpha_j, \beta_j) \qquad (63.3)$$

die Gleichung (62.12) wegen des Bestehens von (62,9) und (62.10) äquivalent ist mit der Relation

$$\beta_k \, d\alpha_k = b_i \, da_i + d\overline{\psi}. \qquad (63.4)$$

Gelingt es uns also zu zeigen, daß die Funktionen $\alpha_k(t, a_j, b_j)$, $\beta_k(t, a_j, b_j)$ und $\overline{\psi}(t, a_j, b_j)$ nicht von t abhängen, so zeigen die Gleichungen (63.2), daß unsere Zuordnung der Linienelemente eine Strahlenabbildung darstellt, und die Relation (63.4) lehrt uns außerdem, daß die LAGRANGE-schen Klammern bei dieser Strahlenabbildung invariant bleiben (§ 33).

Um diesen Nachweis zu führen, ersetzen wir in den α_k, β_k und $\overline{\psi}$ die Variable t durch eine neue Veränderliche a_0 und führen drei neue Veränderliche a_0', b_0, b_0' ein, die durch die Gleichungen

$$a_0' = a_0, \qquad b_0' = b_0 \qquad (63.5)$$

verbunden sein sollen. Dann stellt das Gleichungssystem, das aus den Gleichungen (63.2) und (63.5) besteht, eine Transformation von drei Paaren von Veränderlichen a_i, b_i dar, für welche man an Stelle von (63.4) schreiben kann

$$b_0' \, da_0' + b_1' \, da_1' + b_2' \, da_2' = b_0 \, da_0 + b_1 \, da_1 + b_2 \, da_2 + d\overline{\psi} \qquad (63.6)$$

und die deshalb kanonisch ist.

Nun gelten aber die Eigenschaften der POISSONschen Klammern, die wir im § 37 abgeleitet haben, auch für kanonische Transformationen mit beliebig vielen Paaren von Veränderlichen (s. Variationsrechnung, Kap. 6, insbes. § 92).

Insbesondere müssen also die Relationen bestehen

$$(b_0', a_1') = 0, \qquad (b_0', a_2') = 0, \qquad (b_0' \, b_1') = 0, \qquad (b_0', b_2') = 0. \qquad (63.7)$$

Bedeutet andererseits $F(a_0, \ldots, b_2)$ eine beliebige Funktion unserer sechs Veränderlichen, so ist wegen der Gleichungen (63.5)

$$(b_0', F) = \frac{\partial F}{\partial a_0}. \qquad (63.8)$$

Die Gleichungen (63.7) besagen infolgedessen, daß die vier Funktionen α_k, β_k von t unabhängig sind, und aus (63.4) folgt dann sofort, daß auch $\overline{\psi}$ dieselbe Eigenschaft besitzt. Hiermit ist aber unsere Behauptung vollkommen bewiesen.

Eine Transformation zwischen den Linienelementen von zwei Räumen, für welche die Bedingung (62.12) besteht, soll eine *erweiterte kanonische Transformation* genannt werden; von den beiden Räumen wollen wir dann sagen, daß sie *optisch gekoppelt* sind.

Es ist selbstverständlich, daß diese Begriffe transitiv sind: wird ein optischer Raum $\mathfrak{R}$ mit einem Raume $\mathfrak{R}'$ gekoppelt und entsprechend der Raum $\mathfrak{R}'$ mit einem Raum $\mathfrak{R}''$, so wird durch die zusammengesetzte Transformation, die $\mathfrak{R}$ mit $\mathfrak{R}''$ verbindet, eine Koppelung der beiden letzteren Räume definiert.

64. Hamiltons charakteristische Funktion. Die Aufstellung der Formel (62.12) und ihre Anwendung auf die verschiedensten Probleme ist das Leitmotiv der großen Entdeckungen Sir W. R. Hamiltons in der geometrischen Optik gewesen. In seinen Arbeiten ersetzt Hamilton die Funktion, die wir mit Ψ bezeichnet haben, durch andere, bei welchen die unabhängigen Veränderlichen so gewählt sind, daß diese Funktionen als erzeugende Funktionen für die Transformationsformeln benutzt werden können. Setzt man insbesondere

$$\Psi(t, x_k, y_k) = V(t', x_i', t, x_j), \qquad (64.1)$$

so erhält man

$$H(t, x_j, y_j) = V_t, \qquad y_j = -V_{x_j}, \qquad (64.2)$$

$$H'(t', x_i', y_i') = -V_{t'}, \qquad y_i' = V_{x_i'}. \qquad (64.3)$$

Die Ähnlichkeit dieser Formeln mit denjenigen, die wir bei der Theorie des Eikonals kennengelernt haben, springt sofort ins Auge. Man kann in der Tat die Funktion V, die Hamilton eine *charakteristische Funktion* nennt, für viele Probleme ganz ebenso benutzen wie das Eikonal E. Und Hamilton hat auch andere charakteristische Funktionen erfunden, die den gemischten Eikonalen und dem Winkeleikonal entsprechen. Der Parallelismus zwischen beiden Theorien erklärt sich dadurch, daß die Ideen Hamiltons das Entstehen der Theorie des vorigen Kapitels beeinflußt haben. Gewiß geschah dies mehr unbewußt auf einem indirekten und versteckten Wege, aber deshalb war dieser Einfluß ein nicht weniger nachdrücklicher (s. Einleitung).

Doch ist die Handhabung des Hamiltonschen Apparates unnötig kompliziert. Nicht nur hängen seine charakteristischen Funktionen von mehr Veränderlichen ab als die entsprechenden Eikonale, sondern der große Vorteil, den die Theorie des vorigen Kapitels bietet, und der darin besteht, daß diese Theorie ganz unabhängig von der Gestalt der Hamiltonschen Funktionen H und H' ist (s. § 32), geht hier verloren. Die Funktionen H und H' gehen im Gegenteil explizit ein, da die Gleichungen (64.2) und (64.3) lehren, daß die charakteristische Funktion V die beiden partiellen Differentialgleichungen

$$V_t - H(t, x_j, -V_{x_j}) = 0, \qquad V_{t'} + H'(t', x_i', V_{x_i'}) = 0 \qquad (64.4)$$

gleichzeitig befriedigen muß.

Dafür ist die Aufstellung der Formeln für eine Koppelung der beiden optischen Räume etwas einfacher als früher. Man braucht nur den Gleichungen (64.2) und (64.3) eine weitere der Gestalt

$$t' = t'(t, x_j, y_j)$$

hinzuzufügen, um eine solche Koppelung zu gewinnen. Hierbei ist die Wahl der letzten Funktion in weitem Maße willkürlich: man muß nur darauf achten, daß die Bedingung (62.8) besteht.

65. Kanonische Gleittransformationen. Die einfachsten erweiterten kanonischen Transformationen (§ 63) erhält man, wenn man bei den Überlegungen des § 62 die beiden Räume der t, x_i und der t', x_i' zusammenfallen läßt und bei der Strahlenabbildung jeden Strahl sich selbst zuordnet. Die Linienelemente t, x_i, y_i werden also einfach längs des Lichtstrahles, auf dem sie liegen, verschoben. Diese speziellen kanonischen Transformationen sollen infolgedessen *kanonische Gleittransformationen* genannt werden.

Um eine derartige kanonische Gleittransformation zu erhalten, berechnen wir aus den allgemeinen Lösungen

$$x_i = \xi_i(t, a_j, b_j), \qquad y_i = \eta_i(t, a_j, b_j) \tag{65.1}$$

der kanonischen Differentialgleichungen die inversen Funktionen

$$a_j = \varphi_j(t, x_i, y_i), \qquad b_j = \psi_j(t, x_i, y_i). \tag{65.2}$$

Die Gleitung der Linienelemente längs der verschiedenen Strahlen wird dann durch die Gleichung (62.2) mit fest bleibenden a_j, b_j dargestellt. Berechnet man nun aus (62.2) die Funktion

$$\chi(t, x_i, y_i) = \tau(t, \varphi_j(t, x_i, y_i), \psi_j(t, y_i, x_i)), \tag{65.3}$$

so stellt das Gleichungssystem

$$t' = \chi(t, x_j, y_j), \tag{65.4}$$

$$x_i' = \xi_i(\chi, \varphi_j, \psi_j), \qquad y_i' = \eta_i(\chi, \varphi_j, \psi_j), \tag{65.5}$$

in dem die rechten Seiten der Gleichungen (65.5) als Funktionen von t, x_j, y_j aufgefaßt sind, die gewünschte Gleittransformation dar.

Zu einer und derselben Strahlenabbildung gibt es unendlich viele erweiterte kanonische Transformationen, die man aus einer von ihnen erhält, indem man diese ursprüngliche Koppelung des Objekt- und des Bildraumes mit einer willkürlichen Gleittransformation in einem dieser Räume zusammensetzt.

Durch geeignete Wahl dieser Gleittransformation kann man der Koppelung der Räume besondere Eigenschaften aufprägen, und hierin liegt der Vorteil, den die Einführung der erweiterten kanonischen Transformationen mit sich bringt.

Man kann z. B. durch Einschaltung einer Gleittransformation erreichen, daß bei der Koppelung der beiden Räume die Funktion Ψ in der Formel (62.12) konstant wird. Dann wird die Koppelung durch eine gewöhnliche LIEsche Berührungstransformation dargestellt. Eine andere spezielle Koppelung, die für die Zwecke der geometrischen Optik wichtiger ist, ist die *tangentiale* Koppelung, die wir jetzt beschreiben wollen.

66. Elementvereine. Tangentiale Koppelung. Es sei durch die Formeln (62.5) und (62.7) irgendeine erweiterte kanonische Transformation (62.12) definiert. Die Variablen t, x_j, y_j sollen als beliebige Funktionen von zwei Parametern u, v angesehen werden; man kann dann die t', x_i', y_i' als Funktionen derselben Parameter berechnen. Für irgendeine Funktion $f(u, v)$ dieser Parameter führen wir die Bezeichnungen ein

$$df = f_u\, du, \qquad \delta f = f_v\, dv, \qquad \delta df = f_{uv}\, du\, dv = d\delta f. \qquad (66.1)$$

Wenn wir (62.12), worin die Differentiale d im Sinne von (66.1) als Ableitung nach u aufgefaßt werden sollen, partiell nach v differentiieren, erhalten wir mit diesen Bezeichnungen (66.1)

$$-\delta H'\, dt' - H'\delta dt' + \delta y_i'\, dx_i' + y_i'\, \delta dx_i'$$
$$= -\delta H\, dt - H\delta dt + \delta y_j\, dx_j + y_j\, \delta dx_j + \delta d\Psi.$$

Wenn wir hierin die Symbole δ und d vertauschen, die so erhaltene Gleichung von der früheren abziehen und die letzte der Beziehungen (66.1) beachten, so entsteht die Relation

$$dH'\,\delta t' - \delta H'\, dt' + \delta y_i'\, dx_i' - dy_i'\, \delta x_i' = dH\,\delta t - \delta H\, dt + \delta y_i\, dx_i - dy_i\, \delta x_i. \qquad (66.2)$$

Die rechte Seite dieser Gleichung kann geschrieben werden, wenn man dH und δH entwickelt,

$$(H_{x_i}\, dx_i + H_{y_i}\, dy_i)\,\delta t + \delta y_i (dx_i - H_{y_i}\, dt) - \delta x_i (dy_i + H_{x_i}\, dt); \qquad (66.3)$$

andererseits hat man aber

$$H_{x_i}\, dx_i + H_{y_i}\, dy_i = H_{x_i}(dx_i - H_{y_i}\, dt) + H_{y_i}(dy_i + H_{x_i}\, dt). \qquad (66.4)$$

Setzt man statt der linken die rechte Seite von (66.4) in (66.3) ein und transformiert man in gleicher Weise die linke Seite von (66.2), so erhält man schließlich:

$$\left.\begin{array}{l} (\delta y_i' + H'_{x_i'}\,\delta t')(dx_i' - H'_{y_i'}\, dt') - (\delta x_i' - H'_{y_i'}\,\delta t')(dy_i' + H_{x_i}\, dt') \\[4pt] = (\delta y_j + H_{x_j}\,\delta t)(dx_j - H_{y_j}\, dt) - (\delta x_j - H_{y_j}\,\delta t)(dy_j + H_{x_j}\, dt). \end{array}\right\} \quad (66.5)$$

Aus dieser Formel, in der Ψ nicht mehr vorkommt, kann eine große Anzahl von Relationen entnommen werden. Ersetzt man z. B. den bisher ganz willkürlich gelassenen Parameter v nacheinander durch die y_i' und die x_i', so erhält man:

$$\left.\begin{array}{l} dx_i' - H'_{y_i'}\, dt' = \left(\dfrac{\partial y_j}{\partial y_i'} + H_{x_j}\dfrac{\partial t}{\partial y_i'}\right)(dx_j - H_{y_j}\, dt) \\[10pt] \qquad\qquad - \left(\dfrac{\partial x_j}{\partial y_i'} - H_{y_j}\dfrac{\partial t}{\partial y_i'}\right)(dy_j + H_{x_j}\, dt), \end{array}\right\} \quad (66.6)$$

$$\left.\begin{array}{l} dy_i' + H'_{x_i'}\, dt' = -\left(\dfrac{\partial y_j}{\partial x_i'} + H_{x_j}\dfrac{\partial t}{\partial x_i'}\right)(dx_j - H_{y_j}\, dt) \\[10pt] \qquad\qquad + \left(\dfrac{\partial x_j}{\partial x_i'} - H_{y_j}\dfrac{\partial t}{\partial x_i'}\right)(dy_j + H_{x_j}\, dt). \end{array}\right\} \quad (66.7)$$

Hieraus folgt weiter, wenn man in (66.6) u gleich y_j nimmt,

$$\frac{\partial x_i'}{\partial y_j} - H_{y_i'}'\frac{\partial t'}{\partial y_j} = - \frac{\partial x_j}{\partial y_i'} + H_{y_j}\frac{\partial t}{\partial y_i'}. \tag{66.8}$$

67. Eine Schar von Linienelementen $t(u)$, $x_i(u)$, $y_i(u)$, die von einem Parameter u abhängt, heißt nach S. Lie ein *Elementverein*, wenn

$$\frac{\partial x_i}{\partial u} = H_{y_i}(t, x_j, y_j)\frac{\partial t}{\partial u} \tag{67.1}$$

ist. Wir wollen alle Elementvereine des Objektraumes aufstellen, die wieder in Elementvereine übergehen. Wir müssen hierzu fordern, daß die Gleichungen

$$dx_i' - H_{y_i'}'dt' = 0 \tag{67.2}$$

gleichzeitig mit den Gleichungen

$$dx_j - H_{y_i}dt = 0 \tag{67.3}$$

bestehen. Nach (66.6) folgt aber aus dieser Annahme

$$\left(\frac{\partial x_j}{\partial y_i'} - H_{y_j}\frac{\partial t}{\partial y_i'}\right)(dy_j + H_{x_j}dt) = 0. \qquad (i = 1, 2) \tag{67.4}$$

Ist die Determinante

$$\left|\frac{\partial x_j}{\partial y_i'} - H_{y_j}\frac{\partial t}{\partial y_i'}\right| \neq 0, \tag{67.5}$$

so ist unsere Forderung äquivalent mit dem gleichzeitigen Bestehen der Gleichungen (67.3) mit den folgenden Gleichungen

$$dy_j + H_{x_j}dt = 0 \qquad (j = 1, 2). \tag{67.6}$$

In diesem Falle, der der allgemeine ist, sind die einzigen Elementvereine, die wieder in Elementvereine abgebildet werden, die Lichtstrahlen selbst. Daß diese durch die Koppelung einander zugeordnet werden, hatten wir am Ausgangspunkt der ganzen Untersuchung gefordert. Man kann also diese Eigenschaft der erweiterten kanonischen Transformationen direkt aus den Gleichungen (66.6) und (66.7) ablesen.

68. Wir wollen nun den singulären Fall betrachten, bei welchem die linke Seite von (67.5) identisch verschwindet. Wegen der Beziehung (66.8) kann diese Bedingung durch

$$\left|\frac{\partial x_i'}{\partial y_j} - H_{y_i'}'\frac{\partial t'}{\partial y_j}\right| = 0 \tag{68.1}$$

ersetzt werden, wodurch man erkennt, daß die Bedingung eine einfache geometrische Bedeutung besitzt. Betrachtet man nämlich im Objektraum die Gesamtheit der Linienelemente, die durch einen festen Punkt (t^0, x_i^0) hindurchgehen, so erhält man die entsprechenden Linienelemente des Bildraumes aus den Gleichungen

$$t' = t'(t^0, x_j^0, y_j), \qquad x_i' = x_i'(t^0, x_j^0, y_j), \tag{68.2}$$

$$y_i' = y_i'(t^0, x_j^0, y_j). \tag{68.3}$$

Diese Linienelemente gehen durch die Punkte einer Fläche, die durch die Gleichungen (68.2) mit Hilfe der Parameter y_j dargestellt wird. Die Richtung dieser Linienelemente des Bildraumes wird durch den Vektor mit den Komponenten

$$1, \quad H'_{y'_1}, \quad H'_{y'_2} \tag{68.4}$$

gegeben, und andererseits die Normale der Fläche (68.2) durch die drei Determinanten der Matrix

$$\begin{vmatrix} \dfrac{\partial t'}{\partial y_1}, & \dfrac{\partial x'_1}{\partial y_1}, & \dfrac{\partial x'_2}{\partial y_1} \\[2ex] \dfrac{\partial t'}{\partial y_2}, & \dfrac{\partial x'_1}{\partial y_2}, & \dfrac{\partial x'_2}{\partial y_2} \end{vmatrix}$$

beschrieben. Da man nun die Gleichung (68.1) auch schreiben kann

$$\begin{vmatrix} \dfrac{\partial t'}{\partial y_1}, & \dfrac{\partial x'_1}{\partial y_1}, & \dfrac{\partial x'_2}{\partial y_1} \\[2ex] \dfrac{\partial t'}{\partial y_2}, & \dfrac{\partial x'_1}{\partial y_2}, & \dfrac{\partial x'_2}{\partial y_2} \\[2ex] 1, & H'_{y'_1}, & H'_{y'_2} \end{vmatrix} = 0, \tag{68.5}$$

so besagt diese Bedingung, daß die Richtung der Linienelemente des Bildraumes in der Tangentialebene der Fläche (68.2) liegt.

Jedesmal nun, wenn die stigmatischen Lichtbündel des Objektraumes mit dem Mittelpunkt (t, x_i) in Kongruenzen von Lichtstrahlen des Bildraumes transformiert werden, die eine reelle Brennfläche besitzen, kann man durch eine kanonische Gleittransformation die Koppelung in eine andere transformieren, für welche (68.1) erfüllt ist. Derartige Koppelungen von optischen Räumen wollen wir *tangentiale Koppelungen* nennen. Da, wie wir gesehen haben, die beiden Bedingungen (68.1) und (67.5) einander äquivalent sind, muß übrigens bei einer tangentialen Koppelung die inverse Transformation genau dieselbe geometrische Eigenschaft haben, wie die Transformation selbst.

Bei tangentialen Koppelungen gibt es außer den Lichtstrahlen auch andere Elementarvereine des Objektraumes, die in Elementvereine des Bildraumes übergehen. Ein einfaches Beispiel für solche Elementvereine bilden die Enveloppen der Lichtstrahlen des Bündels, das die Brennfläche (68.2) besitzt. Die allgemeinsten Elementvereine, die wieder in Elementvereine übergehen, hängen eng mit der Theorie der optischen Bilder einer Fläche zusammen, auf welche vor kurzem C. W. Oseen aufmerksam gemacht hat[62].

69. Vollkommene optische Instrumente. Ein optisches Instrument heißt *vollkommen*, wenn alle stigmatischen Lichtbündel des Objektraumes wieder in stigmatische Lichtbündel des Bildraumes übergeführt

---

[62] Oseen, C. W.: Une méthode nouvelle de l'optique géométrique. Kungl. Svenska Vetenskapsakademiens Handlingar (3) Bd. 15 Nr. 6 (1936).

werden. Dies soll wenigstens für die Strahlen gelten, die im Felde des Instrumentes liegen, d. h. die das Instrument durchsetzen.

Es müssen also die Strahlen, die durch einen Punkt t, x_i des Objektraumes hindurchgehen, in Strahlen verwandelt werden, die durch einen Punkt

$$t' = t'(t, x_j), \qquad x_i' = x_i'(t, x_j) \tag{69.1}$$

hindurchgehen. Bei einem vollkommenen Instrument werden somit die beiden optischen Räume *punktweise* aufeinander abgebildet.

Die Abbildung (69.1) ist aber nicht willkürlich. Man stelle nämlich irgendeine erweiterte kanonische Transformation her, durch welche die von dem vollkommenen Instrument erzeugte Strahlenabbildung dargestellt wird. Die Linienelemente, die im Felde des Instrumentes liegen und durch den Punkt t, x_j hindurchgehen, werden in Linienelemente des Bildraumes transformiert, die auf Strahlen liegen, die durch den Punkt (69.1) hindurchgehen. Schalten wir eine geeignete kanonische Gleittransformation ein, so erhalten wir eine neue erweiterte kanonische Transformation, bei welcher die Linienelemente durch t, x_j direkt in Linienelemente durch t', x_i' transformiert werden.

Dies ist eine tangentiale kanonische Transformation (§ 68), die dargestellt wird, indem man den Gleichungen (69.1) noch zwei Gleichungen der Gestalt

$$y_i' = y_i'(t, x_j, y_j) \qquad (i = 1, 2) \tag{69.2}$$

hinzufügt. Die Funktionen auf der rechten Seite von (69.2) kann man unmittelbar berechnen, und zwar auf zwei verschiedene Weisen, je nachdem man benutzt, daß die betrachtete Transformation eine Punkttransformation oder daß sie eine erweiterte kanonische Transformation ist. Die ·beiden Rechnungen müssen aber natürlich zu dem gleichen Ergebnis führen.

Für die erste Art der Berechnung bemerke man, daß die einander entsprechenden Linienelemente t, x_j, $\dot{x}_j$ und t', x_i', dx_i'/dt' direkt aus der stigmatischen Abbildung (69.1) gewonnen werden können. Da man nun für diese Linienelemente haben muß

$$\dot{x}_j = H_{y_j}, \qquad \frac{dx_i'}{dt'} = H'_{y_i'}, \tag{69.3}$$

kann man schreiben

$$\frac{\partial x_i'}{\partial t} + \frac{\partial x_i'}{\partial x_j} H_{y_j} = H'_{y_i'}\left(\frac{\partial t'}{\partial t} + \frac{\partial t'}{\partial x_j} H_{y_j}\right) \qquad (i = 1, 2); \tag{69.4}$$

das sind zwei Gleichungen, aus denen man (69.2) gewinnen kann.

Für die zweite Art der Berechnung geht man davon aus, daß die Formel

$$-H'\,dt' + y_i'\,dx_i' = -H\,dt + y_j\,dx_j + d\Psi, \tag{69.5}$$

durch welche die Koppelung der beiden optischen Räume dargestellt wird, identisch erfüllt sein muß, wenn man (69.1) und (69.2) einsetzt. Da die rechten Seiten der Gleichungen (69.1) die kanonischen Richtungskoordinaten nicht enthalten, wird Ψ eine *Ortsfunktion* sein, und die Relation (69.3) ist äquivalent mit den Gleichungen

$$-H + \Psi_t = -H' \frac{\partial t'}{\partial t} + y_i' \frac{\partial x_i'}{\partial t}, \qquad (69.6)$$

$$y_j + \Psi_{x_j} = -H' \frac{\partial t'}{\partial x_j} + y_i' \frac{\partial x_i'}{\partial x_j} \qquad (i = 1, 2). \qquad (69.7)$$

Man kann (69.2) aus den beiden Gleichungen (69.7) wiederum berechnen, und die auf diese Weise erhaltenen Werte von y_i' müssen, in (69.6) eingesetzt, eine Identität liefern.

Daß das Resultat beidemal dasselbe ist, kann man folgendermaßen verifizieren. Durch Differentiation von (69.6) und (69.7) nach y_i' erhält man

$$\left. \begin{aligned} -H_{y_j} \frac{\partial y_j}{\partial y_i'} &= -H'_{y_i'} \frac{\partial t'}{\partial t} + \frac{\partial x_i'}{\partial t}, \\ \frac{\partial y_j}{\partial y_i'} &= -H'_{y_i'} \frac{\partial t'}{\partial x_j} + \frac{\partial x_i'}{\partial x_j}, \end{aligned} \right\} \qquad (69.8)$$

und aus der Kombination dieser letzten Gleichungen folgt (69.4).

Wir bemerken nun, daß man nach dem § 10 schreiben kann

$$\left. \begin{aligned} -H' dt' + y_i' dx_i' &= L'\left(t', x_i', \frac{dx_i'}{dt'}\right) dt', \\ -H dt + y_j dx_j &= L(t, x_j, \dot{x}_j) dt, \end{aligned} \right\} \qquad (69.9)$$

so daß man aus der Relation (69.5) folgende erhält

$$\int_{\gamma'} L'\left(t', x_i', \frac{dx_i'}{dt'}\right) dt' = \int_{\gamma} L(t, x_j, \dot{x}_j) dt + \int_{\gamma} d\Psi. \qquad (69.10)$$

Diese letzte Gleichung besagt, daß die Differenz der optischen Längen von zwei Kurvenstücken γ und γ', die vermöge der stigmatischen Abbildung einander entsprechen, gleich der Differenz der Werte von $\Psi(t, x_j)$ an den Endpunkten der Kurve γ ist. *Diese Differenz ist also von der Gestalt der Kurven γ, γ' unabhängig und hängt nur von der Lage ihrer Endpunkte ab.*

70. Ist die Grundfunktion $L(t, x_j, \dot{x}_j)$ des Objektraumes vorgeschrieben, so kann die Grundfunktion $L'(t', x_i', dx_i'/dt')$ des Bildraumes nicht willkürlich gewählt werden, wenn überhaupt eine stigmatische optische Koppelung der beiden Räume möglich sein soll.

In der Tat besagt die Gleichung (69.10), daß die Relation

$$L'\left(t', x_i', \frac{dx_i'}{dt'}\right) dt' = L(t, x_j, \dot{x}_j) dt + \Psi_t dt + \Psi_{x_j} dx_j \qquad (70.1)$$

identisch erfüllt sein muß, wenn man die Variablen t', x_i' durch die Ausdrücke (69.1) ersetzt und entsprechend dt' und dx_i' durch die Gleichungen

$$dt' = \frac{\partial t'}{\partial t} dt + \frac{\partial t'}{\partial x_j} dx_j, \qquad dx_i' = \frac{\partial x_i'}{\partial t} dt + \frac{\partial x_i'}{\partial x_j} dx_j \qquad (70.2)$$

berechnet. Dabei sollen natürlich außerdem die Größen dt, dx_j so gewählt sein, daß der Lichtstrahl dieses Linienelementes im Felde des Instrumentes liegt. Hieraus folgt aber, daß $L'(t', x_i', dx_i'/dt')$ eine sehr spezielle Gestalt haben muß.

Ferner zeigt es sich, daß die Funktion Ψ Einschränkungen unterworfen ist, die man schon bestimmen kann, wenn man die Funktionen L und L', nicht aber die stigmatische Koppelung der beiden optischen Räume kennt. Wir wollen insbesondere zeigen, daß Ψ immer konstant sein muß, wenn die beiden optischen Räume isotrop oder kristallinisch sind.

Wir nehmen zunächst an, daß die beiden optischen Räume isotrop, aber nicht notwendig homogen sind, halten den Punkt t, x_j fest und lassen die Richtung des Lichtstrahls variieren. Dann kann man die Gleichung (70.1) in der Form schreiben

$$n'(t', x_i')\sqrt{dt'^2 + dx_1'^2 + dx_2'^2} = n(t, x_j)\sqrt{dt^2 + dx_1^2 + dx_2^2} \left. \right\} \\ + \Psi_t\, dt + \Psi_{x_j}\, dx_j. \tag{70.3}$$

Nachdem wir in diese Gleichung die Werte (70.2) eingesetzt haben, bezeichnen wir größerer Symmetrie halber die Variablen dt, dx_i mit ξ_0, ξ_1, ξ_2. Nach Division durch n hat dann die letzte Gleichung die Gestalt

$$\sqrt{A} = \sqrt{B} + C, \tag{70.4}$$

wobei

$$A = a_{ij}\xi_i\xi_j, \quad B = \xi_0^2 + \xi_1^2 + \xi_2^2, \quad C = p_0\xi_0 + p_1\xi_1 + p_2\xi_2 \tag{70.5}$$

bedeutet. Aus (70.4) folgen nun durch sukzessives Quadrieren die Relationen

$$A = B + C^2 + 2C\sqrt{B}$$
$$(A - B - C^2)^2 = 4C^2 B. \tag{70.6}$$

Nach Voraussetzung soll die Relation (70.3) nur für Linienelemente vorausgesetzt werden, die im Felde des Instrumentes liegen. Mithin wird also nur verlangt, daß (70.6) in einem kleinen Gebiet des Raumes der ξ_0, ξ_1, ξ_2 besteht. Da aber auf beiden Seiten dieser Gleichung Polynome stehen, folgt schon aus dieser Annahme, daß die entsprechenden Koeffizienten dieser Polynome übereinstimmen müssen. Auf der linken Seite von (70.6) steht das Quadrat einer ganzen rationalen Funktion. Ist also C nicht identisch Null, so muß $A - B - C^2$ durch C teilbar sein, und nach Ausführung dieser Division müßte B auch als Quadrat einer rationalen Funktion erscheinen. Da dies nicht der Fall ist, muß C identisch verschwinden und A identisch gleich B sein.

Es folgt hieraus, daß für jeden Punkt des Raumes der t, x_j die ersten Ableitungen von Ψ verschwinden müssen und daß folglich Ψ konstant ist.

71. Für den Fall, daß die beiden Medien kristallinisch sind, würden · die entsprechenden Rechnungen viel komplizierter sein. Aber man kann durch eine Überlegung der allgemeinen Funktionentheorie auch hier das gewünschte Resultat ableiten. Nach Einführung der homogenen Veränderlichen ξ_i nimmt nämlich die Gleichung (70.1) die Gestalt an

$$\Phi'(\xi_0, \xi_1, \xi_2) = \Phi(\xi_0, \xi_1, \xi_2) + p_0\xi_0 + p_1\xi_1 + p_2\xi_2; \qquad (71.1)$$

hierbei sind die Funktionen $\Phi(\xi_i)$, $\Phi'(\xi_i)$ positiv homogen erster Ordnung[63] in den ξ_i, und von den Gleichungen

$$\Phi(\xi_0, \xi_1, \xi_2) = 1, \qquad \Phi'(\xi_0, \xi_1, \xi_2) = 1 \qquad (71.2)$$

stellt die erste eine (irgendwie gedrehte) FRESNELsche Strahlenfläche des Objektraumes und die zweite eine affine Transformierte der FRESNELschen Strahlenfläche des Bildraumes dar. Außerdem sind auf der Kugel

$$\xi_0^2 + \xi_1^2 + \xi_2^2 = 1 \qquad (71.3)$$

die Funktionen $\Phi(\xi_i)$ und $\Phi'(\xi_i)$ analytische Funktionen des Ortes, die nur in endlich vielen Punkten P^*, die den konischen Punkten der beiden FRESNELschen Flächen entsprechen, singulär werden können. Auf einem kleinen Flächenstück σ der Kugel (71.3) ist nun nach Voraussetzung die Gleichung (71.1) identisch erfüllt, und man kann immer σ so klein wählen, daß mit allen Punkten P von σ auch die Gegenpunkte $\overline{P}$ der P verschieden von den singulären Punkten P_k^* sind.

Wir verbinden jetzt einen Punkt P von σ mit seinem Gegenpunkt $\overline{P}$ durch eine analytische Kurve γ, die auf der Kugel (71.3) liegt. Nach dem Prinzip der analytischen Fortsetzung muß dann die Gleichung (71.1) längs dieser ganzen Kurve erfüllt sein. In den beiden Endpunkten von γ haben nun Φ und Φ' gleiche Werte, während die Werte der Linearform entgegengesetzt gleich sind, falls nicht

$$p_0\xi_0 + p_1\xi_1 + p_2\xi_2 = 0 \qquad (71.4)$$

ist. Da folglich diese letzte Gleichung für alle Punkte von σ bestehen muß, ist notwendig

$$p_0 = p_1 = p_2 = 0, \qquad (71.5)$$

und dies ist gerade das Resultat, das wir beweisen wollten.

72. Das identische Verschwinden des totalen Differentials $d\Psi$ in der Gleichung (69.4) hat zur Folge, daß für jede Kurve γ des Objektraumes, die in eine Kurve γ' des Bildraumes transformiert wird, die Relation

$$\int_{\gamma'} L'\left(t', x_i', \frac{dx_i}{dt'}\right) dt' = \int_{\gamma} L\left(t, x_j, \frac{dx_j}{dt}\right) dt \qquad (72.1)$$

bestehen muß. Dies besagt aber, daß die optischen Längen der beiden entsprechenden Kurven einander gleich sein müssen, *so daß ein absolutes Instrument weder vergrößern noch verkleinern kann*[64].

Man beachte, daß, obwohl die Relation (69.4) nur für Linienelemente gelten soll, die im Felde des Instrumentes liegen, die Gleichung (72.1)

---

[63] Variationsrechnung § 249.

[64] Dieser Satz gilt nicht für die GAUSSsche Optik (vgl. § 98).

für ganz beliebige Kurven gilt, weil die Gleichung $L'\,dt' = L\,dt$ für alle
Paare von Linienelementen gilt, die durch die Gleichungen (69.1) aufeinander bezogen sind.

Der Satz, den wir bewiesen haben, hat eine lange Geschichte. Für
isotrope und homogene Medien wurde er 1858 von Maxwell[65], allerdings nur in erster Approximation, d. h. für kleine Objekte bewiesen.
Später findet er sich für ebensolche Medien implizite in den Untersuchungen von Bruns und wurde explizite durch F. Klein zum erstenmal ausgesprochen und mit einer sehr originellen Methode bewiesen[66].

73. Das Maxwellsche Fischauge. Für den Fall, daß sowohl der
Objektraum als auch der Bildraum isotrop, aber nicht notwendig homogen sind, muß nach dem § 70 die quadratische Form A identisch mit B
sein. Dies ist aber dann und nur dann der Fall, wenn die Transformation (70.2) der Linienelemente orthogonal ist, was damit gleichbedeutend
ist, daß die Abbildung (69.1) des Objektraumes auf den Bildraum eine
konforme sein muß. Nach einem berühmten Satz von Liouville[67] gibt
es, im Gegensatz zu den ebenen konformen Abbildungen, die von unendlich vielen Konstanten abhängen, nur eine sehr eingeschränkte Klasse
von konformen Abbildungen des dreidimensionalen Raumes. Diese
können immer als eine Folge von Transformationen durch reziproke
Radien an höchstens fünf Kugeln dargestellt werden. Es folgt hieraus,
daß die Kreise und die Geraden des Objektraumes in Kurven des Bildraumes transformiert werden, die immer entweder Kreise oder gerade
Linien sind. Den einfachsten Fall einer derartigen Strahlenabbildung
(wenn man vom ebenen Spiegel absieht) hat Maxwell bei Gelegenheit
behandelt[68]. Beim Studium der kugelförmigen Linse des Auges eines
Fisches hatte er festgestellt, daß der Brechungsindex n in der Linse
vom Orte abhängig sei, und zwar in folgender Weise. Bezeichnet man
mit r die Entfernung eines Punktes der Augenlinse von ihrem Mittelpunkt und mit n den Brechungsindex im betreffenden Punkt, so ist
die Gleichung

$$n = \frac{2ab}{b^2 + r^2} \qquad (73.1)$$

erfüllt, wobei a und b positive Konstante bedeuten. Nun dachte
Maxwell den ganzen Raum mit einem Medium ausgefüllt, dessen
Brechungsindex dem Gesetze (73.1) folgt, und entdeckte, daß durch

---

[65] Maxwell, J. C.: On the general laws of optical instruments. Quart. J. of
pure and applied Mathem., Bd. 2 (1858) S. 233—244; Sci. Pap. Bd. 1, S. 271—285.

[66] Klein, F.: Räumliche Kollineation bei optischen Instrumenten. Z. Math.
u. Physik Bd. 46 (1901) S. 376—382; Gesammelte Abh. (vgl. Fußnote 15). Bd. II
S. 607—612.

[67] Monge, G.: Application de l'Analyse à la Géométrie, 5e edit. revue, corrigée
et annotée par Liouville. Note 6e p. 609. Paris 1850.

[68] Maxwell, J. C.: Solution of Problems. Cambr. and Dubl. Math. J. Bd. 8
(1854) S. 188—193; Sci. Pap. Bd. 1 S. 74—79.

die Lichtausbreitung eine stigmatische Abbildung des Raumes auf sich selbst entsteht. Die Lichtstrahlen selbst sind dabei kreisförmig (oder geradlinig). Man bestätigt am einfachsten dieses Resultat, indem man bemerkt, daß in der Gleichung

$$d\sigma = \frac{2ab}{b^2 + r^2}\sqrt{dx^2 + dy^2 + dz^2}\,, \\ r^2 = x^2 + y^2 + z^2 \qquad\qquad (73.2)$$

das Differential $d\sigma$, das die optische Länge eines Linienelementes im Innern des MAXWELLschen Fischauges definiert, auch als Linienelement der dreidimensionalen Begrenzung einer vierdimensionalen Kugel vom Radius a gedeutet werden kann, die stereographisch auf einen Raum der x, y, z projiziert worden ist, der sich in einer Entfernung b vom Mittelpunkt der Projektion befinden soll.

Bezeichnet man nämlich mit ξ, η, ζ und τ die rechtwinkligen Koordinaten der Punkte des vierdimensionalen Raumes, so lauten die Transformationsformeln für die stereographische Projektion

$$\xi = \frac{2abx}{b^2 + r^2}\,, \quad \eta = \frac{2aby}{b^2 + r^2}\,, \quad \zeta = \frac{2abz}{b^2 + r^2}\,, \quad \tau = a\frac{b^2 - r^2}{b^2 + r^2}\,. \quad (73.3)$$

Aus diesen Gleichungen berechnet man die weiteren Relationen

$$\xi^2 + \eta^2 + \zeta^2 + \tau^2 = a^2, \qquad\qquad (73.4)$$

$$x = \frac{b\xi}{a + \tau}\,, \quad y = \frac{b\eta}{a + \tau}\,, \quad z = \frac{b\zeta}{a + \tau}\,, \quad r^2 = \frac{b^2(a - \tau)}{a + \tau}\,. \quad (73.5)$$

Durch Differentiation des einen oder des anderen der Formelsysteme (73.3), (73.5) folgt weiter

$$d\sigma^2 = d\xi^2 + d\eta^2 + d\zeta^2 + d\tau^2 = \frac{4a^2b^2(dx^2 + dy^2 + dz^2)}{(b^2 + r^2)^2}\,. \quad (73.6)$$

Bezeichnet man mit x, y, z bzw. mit x', y', z' die stereographischen Projektionen von zwei Gegenpunkten der vierdimensionalen Kugel mit den Koordinaten ξ, η, ζ, τ bzw. $-\xi, -\eta, -\zeta, -\tau$, so muß man schreiben

$$x' = -\frac{b^2 x}{r^2}\,, \quad y' = -\frac{b^2 y}{r^2}\,, \quad z' = -\frac{b^2 z}{r^2}\,, \quad r' = \frac{b^2}{r}\,. \quad (73.7)$$

Die Großkreise der Kugel werden bestimmt durch den Schnitt von zwei Hyperebenen

$$A_k\xi + B_k\eta + C_k\zeta + b \cdot D_k\tau = 0 \quad (k = 1, 2), \qquad (73.8)$$

und ihre Projektion im Raume der x, y, z genügt den Gleichungen

$$D_k(x^2 + y^2 + z^2 - b^2) - 2A_kx - 2B_ky - 2C_kz = 0 \quad (k = 1, 2). \quad (73.9)$$

Die Lichtstrahlen fallen nun mit den Bildern (73.9) der Großkreise unserer vierdimensionalen Kugel zusammen. Diese Bilder sind aber die Kreise (oder Geraden) des Raumes der x, y, z, die zwei diametral entgegengesetzte Punkte der Oberfläche der dreidimensionalen Kugel

$$x^2 + y^2 + z^2 = b^2 \qquad\qquad (73.10)$$

enthalten. Sie werden dadurch charakterisiert, daß ihre Ebene den Anfangspunkt O der Koordinaten enthält und daß die Potenz des Punktes O in bezug auf jeden einzelnen dieser Kreise stets gleich $-b^2$ ist. Ist also A ein Punkt des Raumes, der vom Zentrum O des Fischauges verschieden ist, so wird jeder Lichtstrahl durch A kreisförmig sein und einen festen Punkt A_1 enthalten, der auf der Verlängerung der Strecke AO liegt und durch die Relation $AO \times OA_1 = b^2$ bestimmt wird. Das Fischauge ist also ein vollkommenes optisches Instrument, das den Punkt A auf den Punkt A_1 abbildet. Diese beiden Punkte entsprechen diametral entgegengesetzten Punkten der vierdimensionalen Kugel. Man kann hier ohne weitere Rechnung den Satz des vorigen Paragraphen verifizieren. Die Gleichheit der optischen Längen von entsprechenden Kurven folgt hier nämlich sofort aus der Tatsache, daß die sphärische Länge von zwei diametral entgegengesetzten Kurvenstücken für beide Kurven dieselbe ist[68].

74. Stigmatische Abbildung von Flächen, die tangential im Felde des Instrumentes liegen. Von einer Kurve γ wollen wir sagen, daß sie tangential im Felde des Instrumentes liegt, wenn die Lichtstrahlen, die diese Kurve berühren, das Instrument durchsetzen. Ein zweidimensionales Flächenstück $\mathfrak{F}$, das mindestens ein Büschel von Kurven enthält, die tangential im Felde des Instrumentes liegen, wird ebenso genannt. Wir nehmen nun an, daß ein tangential im Felde des Instrumentes liegendes Flächenstück

$$x_j = \varphi_j(t, u) \qquad (j = 1, 2) \qquad\qquad (74.1)$$

stigmatisch abgebildet wird. Dann kann man bei der Koppelung des Objektraumes mit dem Bildraume, nach eventueller Einschaltung einer kanonischen Gleittransformation, die Gleichungen (62.5) und (62.7) derart wählen, daß nach Einsetzen der Werte (74.1) für die x_j die drei Funktionen $t'(t, x_j, y_j)$ und $x_i'(t, x_j, y_j)$ von den y_j unabhängig sind. Aus (62.12) folgt dann, daß die Funktion $\Psi(t, x_j, y_j)$ nach Einsetzen der Werte (74.1) für die x_j ebenfalls von den y_j unabhängig sein muß, und man beweist ähnlich wie im § 70 (oder im § 71), daß zwei entsprechende Kurvenstücke auf der Fläche $\mathfrak{F}$ des Objektraumes und auf der Fläche $\mathfrak{F}'$ des Bildraumes gleiche optische Länge haben müssen und daß also die beiden Flächenstücke $\mathfrak{F}$ und $\mathfrak{F}'$ *optisch aufeinander abgewickelt werden können.*

75. Dieses letzte Resultat scheint mit den Ergebnissen des § 48 in Widerspruch zu sein. Hatten wir doch in diesem Paragraphen die

---

[68] CARATHÉODORY, C.: Über den Zusammenhang der Theorie der absoluten optischen Instrumente mit einem Satze der Variationsrechnung. S.-B. Bayer. Akad. Wiss. Math.-naturwiss. Abt. 1926 S. 1—18. Eine interessante Verallgemeinerung des MAXWELLschen Fischauges findet sich bei W. LENZ: Zur Theorie der optischen Abbildungen, Sommerfeld-Festschrift S. 198—207, herausgegeben von P. DEBYE. Leipzig: Hirzel 1928.

Abbildung der stigmatisch aufeinander bezogenen Flächen *ganz will-kürlich* wählen können. Der Widerspruch löst sich dadurch, daß man zeigt: Wenn die stigmatisch aufeinander abgebildeten Flächen $\mathfrak{F}$ und $\mathfrak{F}'$ nicht optisch aufeinander abgewickelt werden können, so liegen sie auch nicht tangential im Felde des Instrumentes.

Wir nehmen z. B. an, daß in zwei entsprechenden Punkten P und P' der stigmatisch aufeinander abgebildeten Flächen die beiden Medien isotrop sind, so daß man schreiben kann

$$H = -\sqrt{n^2 - y_1^2 - y_2^2}, \qquad H' = -\sqrt{n'^2 - y_1'^2 - y_2'^2}, \qquad (75.1)$$

wenn man rechtwinklige Koordinatenachsen benutzt. Wir bezeichnen mit p, q, r die für die Achsen x_1, x_2 und t gebildeten Komponenten eines Einheitsvektors, der mit der Tangente des Lichtstrahles im Punkte P zusammenfällt, und mit p', q', r' die Komponenten des entsprechenden Vektors des Bildraumes. Dann hat man erstens die Gleichungen

$$p^2 + q^2 + r^2 = 1, \qquad p'^2 + q'^2 + r'^2 = 1 \qquad (75.2)$$

und zweitens berechnet man aus

$$\frac{p}{r} = \frac{y_1}{\sqrt{n^2 - y_1^2 - y_2^2}}, \qquad \frac{q}{r} = \frac{y_2}{\sqrt{n^2 - y_1^2 - y_2^2}}, \dots$$

die Relationen

$$y_1 = np, \qquad y_2 = nq, \qquad H = -nr, \qquad (75.3)$$

$$y_1' = n'p', \qquad y_2' = n'q', \qquad H' = -n'r'. \qquad (75.4)$$

Wählt man die t- und die t'-Achse parallel zu den Normalen der Flächen $\mathfrak{F}$ und $\mathfrak{F}'$ in den Punkten P und P', so bestehen Gleichungen zwischen den y_j und den y_i', die den Gleichungen (48.6) und (48.7) ganz analog sind und geschrieben werden können

$$y_1 = \frac{\partial \omega_0}{\partial x_1} + y_1' \frac{\partial x_1'}{\partial x_1} + y_2' \frac{\partial x_2'}{\partial x_1}, \qquad (75.5)$$

$$y_2 = \frac{\partial \omega_0}{\partial x_2} + y_1' \frac{\partial x_1'}{\partial x_2} + y_2' \frac{\partial x_2'}{\partial x_2}. \qquad (75.6)$$

Nun kann man noch die Koordinatenachsen um die t- bzw. die t'-Achse immer so drehen, daß in den betrachteten Punkten die Größen $\partial x_2'/\partial x_1$ und $\partial x_1'/\partial x_2$ verschwinden. Dann folgt aus den letzten Gleichungen, daß man schreiben kann

$$\alpha p' = p + a, \qquad \beta q' = q + b. \qquad (75.7)$$

Nach (75.2) hat man aber

$$p^2 + q^2 \leqq 1, \qquad p'^2 + q'^2 \leqq 1, \qquad (75.8)$$

so daß nach (75.7) auch gilt

$$\frac{(p + a)^2}{\alpha^2} + \frac{(q + b)^2}{\beta^2} \leqq 1. \qquad (75.9)$$

Damit nun durch den Punkt P überhaupt Lichtstrahlen hindurchgehen, die das Instrument durchsetzen, muß in der pq-Ebene die Ellipse

(75.9) innere Punkte mit dem Kreise $p^2 + q^2 \leqq 1$ gemeinsam haben und die einzigen Strahlen, die tangential im Felde des Instrumentes liegen, entsprechen den gemeinsamen Punkten der Ränder dieser beiden Flächenstücke. Liegt daher das eine Flächenstück mit seinem Rande ganz im Innern des anderen, so gibt es keinen einzigen derartigen Strahl. Im allgemeinen schneiden sich Kreis und Ellipse und es gibt eine *endliche* Anzahl von Strahlen, die höchstens gleich *vier* sein kann, die tangential im Felde des Instrumentes liegen. Schließlich können auch *unendlich viele* Strahlen diese Eigenschaft haben. Letzteres kann nur eintreten, wenn

$$a = b = 0, \qquad \alpha^2 = \beta^2 = 1 \tag{75.10}$$

ist, d. h. wenn die Ellipse (75.9) mit dem Einheitskreise zusammenfällt.

Nun bemerke man, daß die Koeffizienten a und b nur dann verschwinden, wenn die Ableitungen von ω_0 im Punkte P gleich Null sind. Ist also die Bedingung (75.10) nicht nur im Punkte P selbst, sondern auch in einer Umgebung dieses Punktes erfüllt, so muß ω_0 konstant sein, was mit dem Resultat des § 70 übereinstimmt. Ferner bemerke man, daß die Koeffizienten α und β das Vergrößerungsverhältnis der beiden Linienelemente der Flächen $\mathfrak{F}$ und $\mathfrak{F}'$, die in den Punkten P und P' mit den Achsen zusammenfallen, darstellen, wenn man ihre Längen als Lichtweglängen mißt. Ist $\alpha = \beta$, so muß bekanntlich dieses Vergrößerungsverhältnis für *alle* Richtungen dasselbe sein. Da sich dann im Falle (75.10) die Flächen $\mathfrak{F}$ und $\mathfrak{F}'$ optisch aufeinander abwickeln lassen, so können wir also aus der zweiten der Gleichungen (75.10) einen neuen Beweis des Resultats des § 74 entnehmen.

76. Die Abbildung der Brennflächen von Strahlenkongruenzen.
Wir betrachten in zwei optisch gekoppelten Räumen zwei zugeordnete Strahlenkongruenzen, die reelle, nicht zerfallende Brennflächen besitzen. Die Strahlenabbildung wird dann vollständig beschrieben, wenn wir die Brennflächen geben, auf jeder von ihnen die Schar derjenigen Kurven, die von Strahlen der betrachteten Kongruenzen umhüllt werden, sowie schließlich die Zuordnung der Punkte der beiden Brennflächen aufeinander, die durch die Strahlenabbildung erzeugt wird.

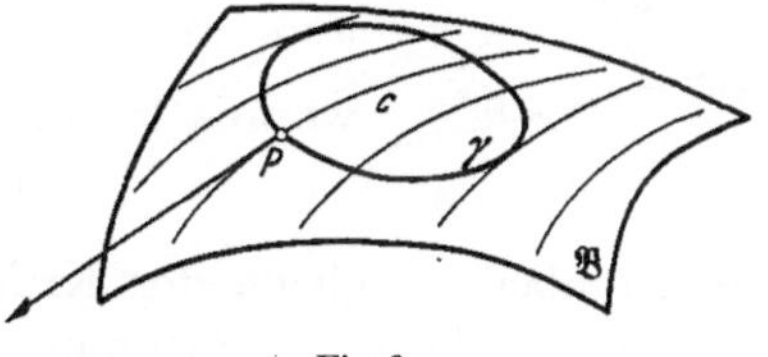

Fig. 8.

Wenn wir alle diese Daten willkürlich vorschreiben, so werden die Integralinvarianten der §§ 26 und 27 nicht notwendig ihren Wert beibehalten, wenn man vom Objektraum zum Bildraum übergeht, und wir müssen die Bedingung aufstellen, durch welche das Erhalten der Invarianz ausgedrückt wird. Zu diesem Zweck betrachten wir (vgl. Fig. 8) auf der einen Brennfläche $\mathfrak{B}$ eine geschlossene Kurve γ, die von den Umhüllenden c der Kongruenz der Lichtstrahlen durchsetzt wird. Die Gesamtheit der Lichtstrahlen unserer Kongruenz, die die Kurve γ treffen, bilden eine röhrenförmige Fläche, für welche wir die Invariante J durch die am Ende des § 27 beschriebene Konstruktion erhalten können (vgl. Fig. 5, S. 33). Für den Fall, daß das optische Medium isotrop und homogen ist, hat diese Invariante eine sehr anschauliche Bedeutung. Wenn wir nämlich voraussetzen, daß γ die Gestalt eines krummlinigen Rechtecks besitzt, von dem zwei gegenüberliegende Seiten mit Kurvenbögen zusammenfallen, die der Kurvenschar c angehören, während die beiden gegenüberliegenden Seiten aus orthogonalen Trajektorien der Kurvenschar c gebildet werden, so sieht man ohne weiteres ein, daß

$$J = n\,(s' - s) \tag{76.1}$$

sein muß, wenn man mit s' und s die Längen der zuerst genannten Seiten bezeichnet. In der Tat besteht die orthogonale Trajektorie der Erzeugenden der betrachteten röhrenförmigen Regelfläche aus Evolventen der Seiten des Rechteckes, die mit Kurvenstücken der Schar c zusammenfallen und aus Kurven, die den übrigen Seiten des Rechtecks parallel sind.

Diese geometrische Deutung wird uns erlauben, die Funktion unter dem Doppelintegral (26.3) ebenfalls durch geometrische Bestimmungsstücke zu charakterisieren. Um nämlich die Differenz $(ds' - ds)$ der Längen der Seiten eines Elementarrechtecks derselben Art, wie das soeben betrachtete, zu berechnen, kann man dieses Rechteck auf seine Tangentialebene projizieren und erhält eine ebene Figur, für welche die Längen ds' und ds der Seiten und der Flächeninhalt $d\omega$ des Rechtecks bis auf Größen dritter bzw. vierter Ordnung unverändert geblieben sind. In der Ebene haben wir nun nach der nebenstehenden Fig. 9

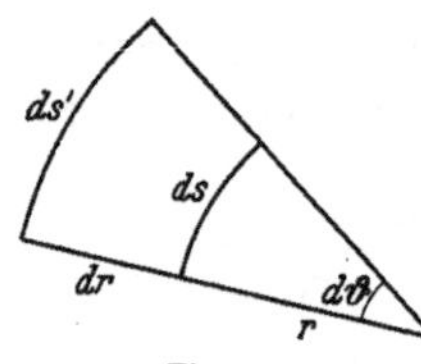

Fig. 9.

$$ds = r\,d\vartheta,\quad ds' = (r + dr)\,d\vartheta,\quad d\omega = dr \cdot ds, \tag{76.2}$$

woraus folgt

$$ds' - ds = dr\,d\vartheta = \frac{1}{r}\,d\omega. \tag{76.3}$$

Nun ist aber $1/r$ gleich der Krümmung der projizierten Kurve, also gleich der geodätischen Krümmung k_g der ursprünglichen Kurve c. An Stelle von (76.1) können wir also schreiben

$$J = n \int\int k_g\,d\omega. \tag{76.4}$$

77. Wir bezeichnen mit $\mathfrak{B}'$ die Brennfläche der gegebenen Strahlenkongruenz im Bildraum und mit c^* die Kurven von $\mathfrak{B}'$, die von Strahlen der Kongruenz umhüllt werden. Soll die Integralinvariante (76.4) erhalten bleiben, so muß also in entsprechenden Punkten P und P' der Brennflächen $\mathfrak{B}$ und $\mathfrak{B}'$ die Beziehung

$$n'\,k_g^*\,d\omega' = n\,k_g\,d\omega \tag{77.1}$$

bestehen.

Man bemerke, daß auf jeder Seite der letzten Gleichung ein Ausdruck steht, dessen numerischer Wert sich nicht ändert, wenn man die Längeneinheit modifiziert. Wählt man diese Längeneinheiten gleich den Entfernungen, die das Licht in einer gegebenen Zeit in jedem der Medien durchwandert, so wird $n = n'$, und die Gleichung (77.1) besagt, *daß das Verhältnis $k_g^* : k_g$ der geodätischen Krümmungen der Kurven c und c*, in entsprechenden Punkten der Brennflächen, gleich der Flächenvergrößerung $d\omega : d\omega'$ ist, die in diesem Punktepaar durch die Abbildung der beiden Brennflächen aufeinander hervorgerufen wird.*

Dieses Gesetz drückt die Forderung der Erhaltung der Integralinvariante J aus (§ 25) oder, was dasselbe ist, der Erhaltung der LAGRANGEschen Klammern, falls man die Brennflächen an die Spitze der Betrachtungen stellt.

Ist die eine der beiden Strahlenkongruenzen eine Normalenkongruenz, so muß die Integralinvariante J identisch verschwinden und wir haben deshalb $k_g = k_g^* = 0$. Die Enveloppen der Strahlen der Kongruenz sind in diesem Falle geodätische Linien auf den Brennflächen. Umgekehrt sind die beiden Strahlenkongruenzen immer Normalenkongruenzen, wenn die Kurvenschar c aus geodätischen Linien der Brennfläche des Objektraums besteht; dann müssen auch die Kurven c* geodätische Linien der Brennfläche des Bildraumes sein.

78. Diese Resultate können verallgemeinert werden: es gelten ganz ähnliche Sätze, wenn die betrachteten optischen Räume weder homogen noch isotrop sind. Besondere praktische Bedeutung haben die Formeln, die wir aufstellen werden, aber auch im gewöhnlichen Fall homogener isotroper Medien, wo sie die Einführung beliebiger krummliniger Koordinaten gestatten.

Wir betrachten im Raume der (t, x_1, x_2) eine Fläche

$$t = t(s, u), \quad x_i = x_i(s, u) \quad (i = 1, 2), \tag{78.1}$$

die von den Parametern s und u abhängt. Die Kurven auf dieser Fläche sollen durch Gleichungen der Form

$$u = u(s) \tag{78.2}$$

(also nicht in Parameterdarstellung) festgelegt werden. Ist nun $H(t, x_j, y_j)$ die HAMILTONsche Funktion des betrachteten optischen Raumes, so entsprechen den Linienelementen $s, u, du/ds$ der Kurve (78.2), wenn man sie als räumliche Linienelemente deutet, gewisse Werte der konjugierten Veränderlichen y_j, die man aus den Gleichungen

$$\left(\frac{\partial x_i}{\partial s} + \frac{\partial x_i}{\partial u}\frac{du}{ds}\right) - H_{y_i}\left(\frac{\partial t}{\partial s} + \frac{\partial t}{\partial u}\frac{du}{ds}\right) = 0 \quad (i = 1, 2) \tag{78.3}$$

berechnen könnte. Anstatt nun aber in den Gleichungen (78.3) die y_j als Funktionen von $s, u, du/ds$ zu betrachten, versuchen wir eine neue Veränderliche v einzuführen und $y_1, y_2, du/ds$, sowie eine weitere

Funktion K als Funktionen von u, s und v zu bestimmen. Dazu setzen wir für die drei Funktionen $y_1(s, u, v)$, $y_2(s, u, v)$ und $K(s, u, v)$ fest, daß neben den Gleichungen (78.3) noch die Identität

$$-H\,dt + y_i\,dx_i = -K\,ds + v\,du \qquad (78.4)$$

bestehen soll, die äquivalent ist mit den beiden Gleichungen

$$-H(t, x_j, y_j)\frac{\partial t}{\partial u} + y_i\frac{\partial x_i}{\partial u} = v\,, \qquad (78.5)$$

$$+H(t, x_j, y_j)\frac{\partial t}{\partial s} - y_i\frac{\partial x_i}{\partial s} = K\,. \qquad (78.6)$$

Aus (78.3) und (78.5) kann man y_1, y_2 und du/ds als Funktionen von (s, u, v) berechnen und erhält dann $K(s, u, v)$ mit Hilfe von (78.6). Diese letztere Funktion $K(s, u, v)$ kann als HAMILTONsche Funktion eines Variationsproblems angesehen werden, das auf der Fläche (78.1) mit dem gegebenen Problem *gekoppelt* ist. Man bezeichnet es als das durch das ursprüngliche Problem auf der Fläche *induzierte* Variationsproblem[69].

Aus der Relation (78.4) folgt, daß die Rechnungen des § 66 hier übertragen werden können, wenn man t', x', y' bzw. durch s, u, v ersetzt und K statt H' schreibt. Insbesondere folgt aus (66.6), wenn man bedenkt, daß t und x_i von v unabhängig sind,

$$du - K_v\,ds = \frac{\partial y_j}{\partial v}(dx_j - H_{y_j}\,dt)\;;$$

mit Berücksichtigung von (78.3) hat man also

$$\frac{du}{ds} = K_v\,. \qquad (78.7)$$

Ganz ähnlich folgt aus (66.7)

$$dv + K_u\,ds = \left(\frac{\partial x_j}{\partial u} - H_{y_j}\frac{\partial t}{\partial u}\right)(dy_j + H_{x_j}\,dt) \qquad (78.8)$$

eine Relation, die sich wegen (78.3) auch schreiben läßt

$$\frac{dv}{ds} + K_u = \frac{\partial(t, x_j)}{\partial(s, u)}\left(\frac{dy_j}{dt} + H_{x_j}\right)\,. \qquad (78.9)$$

79. Um jetzt eine Kurvenschar c auf der Fläche (78.1) zu definieren, genügt es,

$$v = \varphi(s, u) \qquad (79.1)$$

zu nehmen. Einer geschlossenen Kurve γ auf derselben Fläche entspricht eine geschlossene Kurve γ^* der su-Ebene und die POIN-CARÉsche relative Integralinvariante J für die Lichtstrahlen, die in Punkten von γ die Kurven c berühren, kann infolge der Relation (78.4) geschrieben werden

$$J = \int_{\gamma^*} -K(s, u, \varphi(s, u))\,ds + \varphi(s, u)\,du\,. \qquad (79.2)$$

---

[69] Variationsrechnung § 342.

Transformiert man nun dieses Randintegral in ein Doppelintegral, so erhält man

$$J = \iint\limits_{G^*} \left((K_u + K_v \varphi_u) + \varphi_s \right) du\, ds. \tag{79.3}$$

Wegen der Gleichung (78.7) kann die Funktion unter dem Integral geschrieben werden

$$\frac{d\varphi}{ds} + K_u(s,\, u,\, \varphi(s,\, u)); \tag{79.4}$$

sie hat also dieselbe Gestalt wie die linke Seite von (78.9). Im speziellen Fall des § 76 hat selbstverständlich diese Funktion dieselbe geometrische Bedeutung wie in (76.4).

Wir betrachten nun im Raume der t', x_i' eines zweiten Variationsproblems eine Fläche $\mathfrak{B}'$, deren eineindeutige Abbildung auf (78.1) dadurch festgelegt wird, daß wir $\mathfrak{B}'$ durch die Gleichungen

$$t' = t'(s,\, u), \qquad x_i' = x_i'(s,\, u) \tag{79.5}$$

darstellen und festsetzen, daß Punkte der Flächen (78.1) und (79.5) einander entsprechen sollen, wenn sie zu denselben Werten der Parameter s, u gehören. Auf der Fläche $\mathfrak{B}'$ wird nun ein Variationsproblem induziert, dessen HAMILTONsche Funktion sich nach Einführung einer neuen Variablen v' ganz ebenso wie früher berechnen läßt; sie werde mit $K'(s,\, u,\, v')$ bezeichnet. Ferner bestimmen wir auf $\mathfrak{B}'$ eine Schar von Kurven c^* durch die Gleichung

$$v' = \varphi^*(s,\, u) \tag{79.5}$$

und betrachten die Kongruenz von Lichtstrahlen, die $\mathfrak{B}'$ als Brennfläche und die Kurven c^* als Enveloppen besitzt. Dann wird die zur Bedingung (77.1) analoge Bedingung, die besagt, daß die beiden Strahlenkongruenzen, die $\mathfrak{B}$ bzw. $\mathfrak{B}'$ als Brennflächen besitzen, optisch gekoppelt sind, durch die Gleichung

$$\varphi_s + K_v(s,u,\varphi)\,\varphi_u + K_u(s,u,\varphi) = \varphi_s^* + K_{v'}'(s,u,\varphi^*)\,\varphi_u^* + K_u'(s,u,\varphi^*) \tag{79.6}$$

ausgedrückt.

80. Die zuletzt aufgeschriebene Bedingung gibt uns die Möglichkeit, eine große Anzahl von Problemen zu behandeln, die mit der optischen Koppelung von Strahlenkongruenzen zusammenhängen.

Man kann z. B. die Abbildung der beiden Brennflächen aufeinander und die Kurvenschar c^* vorschreiben; dann ist die rechte Seite von (79.6) eine bekannte Funktion von s, u, die wir mit $-\dfrac{\partial f}{\partial u}$ bezeichnen, wogegen die Funktion $\varphi(s,\, u)$ noch unbestimmt ist. Die Bedingung (79.6) besagt dann, daß jede Kurvenschar c, die auf der Brennfläche $\mathfrak{B}$ eine Schar von Extremalen des Variationsproblems mit der HAMILTONschen Funktion

$$K(s,\, u,\, v) + f(s,\, u) \tag{80.1}$$

bildet, die Enveloppen einer Strahlenkongruenz definiert, die mit der gegebenen Strahlenkongruenz des Raumes der t', x' optisch gekoppelt ist. Um mit den gegebenen Daten die Strahlenabbildung vollständig zu bestimmen, kann man z. B. die Richtungen dieser Strahlen in den Punkten eines Kurvenstückes der Fläche $\mathfrak{B}$ vorgeben, weil hierdurch die Extremalenschar des Problems (80.1) festgesetzt ist.

Wenn zwei Kongruenzen von Lichtstrahlen dieselbe Brennfläche besitzen und jede von ihnen diese Brennfläche längs einer Kurvenschar berührt, die eine Extremalenschar des Variationsproblems mit der HAMILTONschen Funktion (80.1) bedeutet, so erhält man eine optische Abbildung dieser Strahlenkongruenzen aufeinander, wenn man jeweils zwei Strahlen, die ihre gemeinsame Brennfläche im selben Punkt berühren, einander zuordnet.

Man kann auch diejenigen Kurven der Brennfläche $\mathfrak{B}$ bestimmen, die durch die *Abbildung* von $\mathfrak{B}$ auf $\mathfrak{B}'$ in Kurven transformiert werden, für welche die Relation (79.6) besteht. Im allgemeinen müssen diese Kurven Lösungen einer gewöhnlichen Differentialgleichung zweiter Ordnung sein. Es gibt aber auch extreme Fälle, bei welchen keine einzige Kurve dieser Art existiert, und andere, bei welchen *jede* Kurve von $\mathfrak{B}$ die geforderte Eigenschaft besitzt.

Man erhält ein Beispiel der letzten Art, wenn man bei homogener und isotroper Lichtausbreitung die Brennfläche $\mathfrak{B}$ verbiegt und alle Lichtstrahlenbündel, deren Mittelpunkt in einem Punkte von $\mathfrak{B}$ liegt, starr bei der Verbiegung der Fläche mitführt [70].

Kapitel V.

Die Abbildung in erster Annäherung.

81. Die Formeln des akzessorischen Problems. Sind die beiden optischen Räume isotrop und homogen, so haben die HAMILTONschen Funktionen für die Lichtausbreitung die Gestalt

$$H = -\sqrt{n^2 - y_1^2 - y_2^2}, \qquad H' = -\sqrt{n'^2 - y_1'^2 - y_2'^2}. \tag{81.1}$$

Wir wollen die Strahlenabbildung in engster Umgebung von zwei beliebigen sich entsprechenden Strahlen untersuchen. Wegen der Isotropie und der Homogenität der Räume ist es keine Beschränkung, die beiden sich entsprechenden Strahlen mit der t- bzw. mit der t'-Achse zusammenfallen zu lassen. Nach einer Methode, die man in der Variationsrechnung für die Theorie der zweiten Variation und in der Mechanik für die Theorie der kleinen Schwingungen entwickelt hat, ersetzen wir die HAMILTONschen Funktionen (81.1) durch die Funktionen H, H' des sog. akzessorischen Problems; wir erhalten diese letzteren Funktionen,

---

[70] Vgl. CARATHÉODORY, C.: Bemerkungen zu den Strahlenabbildungen der geometrischen Optik. Math. Ann. Bd 114 (1937) S. 187—193.

indem wir H und H' nach Potenzen der y_j, y_j' entwickeln und nur die niedrigsten Potenzen beibehalten. Man muß also schreiben

$$\mathsf{H} = -n + \frac{y_1^2 + y_2^2}{2n}, \qquad \mathsf{H}' = -n' + \frac{y_1'^2 + y_2'^2}{2n'}, \qquad (81.2)$$

und die Grundfunktionen der entsprechenden Variationsprobleme lauten

$$\Lambda = n\left(1 + \frac{\dot{x}_1^2 + \dot{x}_2^2}{2}\right), \qquad \Lambda' = n'\left(1 + \frac{\dot{x}_1'^2 + \dot{x}_2'^2}{2}\right). \qquad (81.3)$$

Die Lichtstrahlen haben infolgedessen die Gleichungen

$$x_i = u_i + y_i \frac{t}{n}, \qquad x_i' = u_i' + y_i' \frac{t'}{n'}. \qquad (81.4)$$

Die Strahlenabbildung für das ursprüngliche Problem soll nun ebenfalls durch eine andere ersetzt werden, die durch eine ähnliche Betrachtung gewonnen wird. Sie ist dadurch definiert, daß wir die u_i', y_i' als lineare homogene Funktionen von u_j, y_j ansetzen, die der Bedingung genügen sollen, daß der Ausdruck

$$y_i' d u_i' - y_j d u_j$$

ein vollständiges Differential ist.

Bemerkung. Die Deutung der Formeln für die linearen Strahlenabbildungen kann auf zwei grundsätzlich verschiedene Weisen geschehen.

Bei der ersten dieser Deutungen geht man von Scharen von Lichtstrahlen des Objekt- und des Bildraumes aus, *die durch das ursprünglich vorgelegte Problem miteinander gekoppelt sind,* und die von einem Parameter α abhängen. Dem Werte $\alpha = 0$ sollen die Grundstrahlen, d. h. die t- bzw. t'-Achse zugeordnet sein. Die Strahlen einer solchen Schar werden durch die Funktionen $x_j(t, \alpha)$, $y_j(\alpha)$, $x_i'(t', \alpha)$, $y_i'(\alpha)$ dargestellt, ihre Anfangselemente in den Ebenen $t = t_0$ und $t' = t_0'$ durch die Funktionen $u_j(\alpha)$, $u_i'(\alpha)$ und die betrachtete Strahlenabbildung wird durch Gleichungen dargestellt, die etwa folgendermaßen lauten

$$u_i'(\alpha) = A_i(u_j(\alpha), y_j(\alpha)), \qquad y_i'(\alpha) = B_i(u_j(\alpha), y_j(\alpha)).$$

Man entwickelt alle diese Funktionen und Gleichungen nach Potenzen von α und bemerkt, daß für hinreichend kleine Werte dieses Parameters die Koppelung der beiden optischen Räume in der Nachbarschaft der Grundstrahlen durch die linearen Glieder dieser Potenzreihen annäherungsweise dargestellt werden kann.

Diese erste Deutung der Formeln ist diejenige, die den Physikern am meisten zusagt und sie wird in der Regel benutzt.

Bei der zweiten Deutung, die im folgenden angewendet wird, betrachten wir lineare Koppelungen zwischen zwei Räumen, *deren optische Eigenschaften nicht durch die ursprünglichen* HAMILTON*schen Funktionen* (81.1), *sondern durch die* HAMILTON*schen Funktionen* (81.2) *charakteri-*

siert werden. Wir nehmen an, daß dies im ganzen Raum der Fall sein soll und studieren die Abbildungsgesetze, ohne die ursprüngliche Abbildung irgendwie zu berücksichtigen. Dies hat den Vorzug, daß wir kein Approximationsproblem, sondern ein gewöhnliches optisches Problem vor uns haben, auf welches alle unsere frühcren Methoden und Resultate uneingeschränkt angewandt werden können.

Nachdem dieses „oskulierende" Problem *für sich* untersucht worden ist, kann man, wenn man es braucht, die Tatsache benutzen, daß die beiden Abbildungen in der Nähe der Grundstrahlen wenig voneinander abweichen.

82. Am schnellsten erhält man die linearen Strahlenabbildungen, die wir gerade gekennzeichnet haben, indem man die Theorie des Eikonals benutzt. Da die partiellen Ableitungen des Eikonals alle linear und homogen sein sollen, muß das Eikonal selbst eine quadratische Form in den vier Veränderlichen sein, von denen es abhängt. Rechnerisch wäre es günstig, wenn man alle möglichen Fälle mit dem Winkeleikonal allein behandeln könnte, weil in diesem Falle eine Verschiebung der Anfangspunkte der t- bzw. der t'-Achse zu einer sehr einfachen Transformation des Eikonals Anlaß gibt. Man müßte dann schreiben

$$2W = (a_{11}y_1^2 + 2a_{12}y_1y_2 + a_{22}y_2^2) + (\alpha_{11}y_1'^2 + 2\alpha_{12}y_1'y_2' + \alpha_{22}y_2'^2) \\ + 2p_{11}y_1y_1' + 2p_{12}y_1y_2' + 2p_{21}y_2y_1' + 2p_{22}y_2y_2' \quad \bigg\} \quad (82.1)$$

und hätte aus

$$u_i' \, dy_i' - u_j \, dy_j = dW \qquad (82.2)$$

die Strahlenabbildung zu berechnen. Man fände so

$$u_1' = \alpha_{11}y_1' + \alpha_{12}y_2' + p_{11}y_1 + p_{21}y_2, \\ u_2' = \alpha_{12}y_1' + \alpha_{22}y_2' + p_{12}y_1 + p_{22}y_2 \quad \bigg\} \quad (82.3)$$

und zwei ähnliche Relationen für die u_j, die wir indessen im folgenden nicht benötigen werden.

Das Eikonal W ist aber nur dann brauchbar, wenn keine Relation zwischen den vier Veränderlichen y_i', y_j besteht, und es kann sehr wohl vorkommen, daß eine derartige Relation wirklich vorhanden ist.

Nun bemerke man, daß aus der Vergleichung von (81.4) mit (82.3) die Gleichungen

$$x_1' = \left(\alpha_{11} + \frac{t'}{n'}\right)y_1' + \alpha_{12}y_2' + p_{11}y_1 + p_{21}y_2,$$

$$x_2' = \alpha_{12}y_1' + \left(\alpha_{22} + \frac{t'}{n'}\right)y_2' + p_{12}y_1 + p_{22}y_2$$

entstehen. Man kann hier immer der Variablen t' einen Wert geben, für welchen diese letzten Gleichungen nach den y_i' auflösbar sind, woraus man leicht schließt, daß in allen Fällen, für welche das Winkeleikonal brauchbar ist, nach eventueller Verschiebung des Anfangspunktes der

t'-Achse auch das gemischte Eikonal, das von den y_j und den u_i' abhängt, benutzt werden kann. Ganz denselben Schluß kann man machen, wenn man von einem der schiefen Eikonale ausgeht, und wir sehen, daß wir, um Fallunterscheidungen zu vermeiden, am besten von Anfang an nur mit diesem gemischten Eikonal unsere Rechnungen ausführen. Wir haben, wegen des Resultates des § 45, die Gewähr, daß wir alle möglichen linearen Strahlenabbildungen mit Hilfe dieses Eikonals darstellen können.

83. Wir müssen also alle Fälle diskutieren, bei denen sich die Abbildung aus der Identität ableitet

$$y_i' \, du_i' + u_j \, dy_j = dV, \qquad (83.1)$$

wobei das Eikonal V lautet

$$\left. \begin{aligned} 2V = (a y_1^2 + 2b y_1 y_2 + c y_2^2) + (\alpha u_1'^2 + 2\beta u_1' u_2' + \gamma u_2'^2) \\ + 2p y_1 u_1' + 2q y_1 u_2' + 2r y_2 u_1' + 2s y_2 u_2'. \end{aligned} \right\} \qquad (83.2)$$

Man kann, ohne die Allgemeinheit zu beschränken, diese Gestalt des Eikonals vereinfachen, indem man den Koordinatenachsen spezielle Lagen gibt. Setzt man nämlich

$$y_1 = \bar{y}_1 \cos\vartheta - \bar{y}_2 \sin\vartheta, \qquad y_2 = \bar{y}_1 \sin\vartheta + \bar{y}_2 \cos\vartheta, \qquad (83.3)$$

$$u_1' = \bar{u}_1' \cos\varphi - \bar{u}_2' \sin\varphi, \qquad u_2' = \bar{u}_1' \sin\varphi + \bar{u}_2' \cos\varphi, \qquad (83.4)$$

so kann man die Winkel ϑ und φ so wählen, daß nach Umrechnen der Koeffizienten auf die neuen Variablen die Beziehungen

$$b = 0, \qquad \beta = 0, \qquad a \geqq c, \qquad \alpha \geqq \gamma \qquad (83.5)$$

bestehen.

In Sonderfällen kann man die Vereinfachung noch weiter treiben. Ist z. B. von vornherein neben $b = 0$ zufällig $a = c$, so wird der Winkel ϑ unbestimmt, und man kann die Drehung (83.3) um die t-Achse dazu benutzen, um Relationen zwischen den Koeffizienten p, q, r, s zu erhalten, durch welche die geometrischen Eigenschaften der Strahlenabbildung schneller zum Vorschein kommen. Insbesondere ist, wenn man mit $\bar{p}, \dots$ die Werte der neuen Koeffizienten bezeichnet,

$$2(\bar{p}\bar{r} + \bar{q}\bar{s}) = 2pr \cos 2\vartheta - (p^2 + q^2 - r^2 - s^2) \sin 2\vartheta.$$

Man kann also immer, wenn $b = 0$ und $a = c$ ist, voraussetzen, daß $pr + qs = 0$ ist.

Ebenso kann man immer, wenn $\beta = 0$ und $\alpha = \gamma$ ist, voraussetzen, daß $pq + rs = 0$ ist.

Man kann aber auch statt dessen, wenn man will, erreichen, daß in jedem dieser Fälle einfach $q = 0$ ist. Endlich kann man, wenn von vornherein neben $b = 0$ und $\beta = 0$ gleichzeitig $a = c$ und $\alpha = \gamma$ ist, durch geeignete Wahl der Winkel ϑ und φ in den Gleichungen (83.3) und (83.4) immer erreichen, daß $q = 0$ und $r = 0$ ist.

Wir kehren zum allgemeinen Fall zurück. Nach der früher entwickelten Theorie muß die Funktionaldeterminante (43.8), die hier den konstanten Wert $ps - qr$ besitzt, immer von Null verschieden sein. Dieser Ausdruck wechselt aber das Vorzeichen, wenn man die Koordinatentransformation

$$\bar{t}' = t', \qquad \bar{x}'_1 = x'_1, \qquad \bar{x}'_2 = -x'_2$$

vornimmt. Man kann also immer von vornherein voraussetzen, daß die Koordinaten so gewählt worden sind, daß

$$ps - qr > 0 \tag{83.6}$$

ist.

Nach (83.1) und (83.2) wird nun unsere Strahlenabbildung mit Berücksichtigung von (83.5) durch folgende Formeln festgelegt

$$\left. \begin{aligned} y'_1 &= \alpha u'_1 + p y_1 + r y_2, \\ y'_2 &= \gamma u'_2 + q y_1 + s y_2, \end{aligned} \right\} \tag{83.7}$$

$$\left. \begin{aligned} u_1 &= a y_1 + p u'_1 + q u'_2, \\ u_2 &= c y_2 + r u'_1 + s u'_2. \end{aligned} \right\} \tag{83.8}$$

Wir wollen zum Schluß noch die Bedingung dafür ableiten, daß diese Strahlenabbildung rotationssymmetrisch sei. Nach dem § 60 muß hierfür die Gleichung

$$u_2 y_1 - u_1 y_2 - u'_2 y'_1 + u'_1 y'_2 = \lambda$$

identisch erfüllt sein. Durch Einsetzen der Werte (83.7), (83.8) findet man, daß $\lambda = 0$ und daß

$$a = c, \qquad \alpha = \gamma, \qquad q + r = 0, \qquad p - s = 0$$

sein müssen. Nach der obigen Bemerkung kann man dann die gegenseitige Lage der beiden Koordinatensysteme so wählen, daß außerdem $q = r = 0$ ist.

84. Koppelung der Räume. Nach der Bemerkung am Ende des § 32 gelten alle diese Formeln für die akzessorischen Probleme einer Strahlenabbildung, bei welchen die HAMILTONschen Funktionen H und H' ganz beliebig sind. Die von jetzt an geschriebenen Formeln, die durch Vergleichung der Relationen (81.4) mit (83.7) und (83.8) erhalten werden, gelten aber nur unter der Voraussetzung, daß das akzessorische Problem die HAMILTONschen Funktionen (81.2) und die Grundfunktionen (81.3) besitzt. Diese Formeln lauten

$$\left. \begin{aligned} x_1 &= \left(a + \frac{t}{n}\right) y_1 + p u'_1 + q u'_2, \\ x_2 &= \left(c + \frac{t}{n}\right) y_2 + r u'_1 + s u'_2, \end{aligned} \right\} \tag{84.1}$$

$$\left. \begin{aligned} x'_1 &= \left(1 + \alpha \frac{t'}{n'}\right) u'_1 + (p y_1 + r y_2) \frac{t'}{n'}, \\ x'_2 &= \left(1 + \gamma \frac{t'}{n'}\right) u'_2 + (q y_1 + s y_2) \frac{t'}{n'}. \end{aligned} \right\} \tag{84.2}$$

Diese Gleichungen stellen bei jeder beliebigen Wahl der vier Parameter y_j, u'_i zwei Strahlen dar, die durch unsere Abbildung einander zugeordnet sind. Fügt man diesen Gleichungen noch eine beliebige Relation von der Gestalt

$$t' = t'(t, y_j, u'_i) \tag{84.3}$$

hinzu, so erhält man eine Koppelung der betrachteten Räume, auf welche die Theorie des vierten Kapitels anwendbar ist.

In unseren bisherigen Ausführungen spielen die t- und die t'-Achse eine besondere Rolle. Diese Vorzugsstellung ist aber nur eine scheinbare: an der Stelle der beiden Achsen können nämlich mit Hilfe eines fast trivialen Kunstgriffs *irgend* zwei Strahlen

$$x_i = U_i + V_i \frac{t}{n}, \qquad x'_i = U'_i + V'_i \frac{t'}{n'} \tag{84.4}$$

treten, die bei der betrachteten Strahlenabbildung zugeordnet sind, d. h. für die die Beziehungen (83.7), (83.8) erfüllt sind, wenn man u_i durch U_i, u'_i durch U'_i, y_i durch V_i und y'_i durch V'_i ersetzt. Um das zu zeigen, betrachten wir eine Kollineation des Raumes t, x_i in einem Raum t, ξ_i und eine Kollineation des Raumes t', x'_i in einem Raum t', ξ'_i, die durch die Gleichungen

$$x_i = U_i + V_i \frac{t}{n} + \xi_i, \qquad x'_i = U'_i + V'_i \frac{t'}{n'} + \xi'_i \tag{84.5}$$

definiert wird. Durch diese Kollineationen werden zwei Strahlen

$$x_i = u_i + y_i \frac{t}{n}, \qquad x'_i = u'_i + y'_i \frac{t'}{n'} \tag{84.6}$$

transformiert in die Geraden

$$\xi_i = \bar{u}_i + \eta_i \frac{t}{n}, \qquad \xi'_i = \bar{u}'_i + \eta'_i \frac{t'}{n'}. \tag{84.7}$$

Zwischen den Koeffizienten bestehen nun die Relationen

$$\bar{u}_i = u_i - U_i, \quad \eta_i = y_i - V_i, \quad \bar{u}'_i = u'_i - U'_i, \quad \eta'_i = y'_i - V'_i, \tag{84.8}$$

und wir sehen, daß die Gleichungen (83.7) und (83.8), da sie sowohl für u_i, y_i, u'_i, y'_i als auch für U_i, V_i, U'_i, V'_i erfüllt sind, auch für $\bar{u}_i$, η_i, $\bar{u}'_i$, η'_i befriedigt sein müssen. Sie sagen dann aus, daß die beiden Strahlen (84.6) einander entsprechen.

Eine wichtige Anwendung dieser Bemerkung ist folgende: Unter Umständen kann man leicht erkennen, daß es wenigstens ein stigmatisches Lichtbündel mit dem Mittelpunkt t_0, $x_1 = x_2 = 0$ gibt, das in ein stigmatisches Lichtbündel mit dem Mittelpunkt t'_0, $x'_1 = x'_2 = 0$ transformiert wird. Ist dies der Fall, so läßt sich wegen des letzten Resultats schließen, daß *jeder* Punkt der Ebene $t = t_0$ in einen Punkt der Ebene $t' = t'_0$ stigmatisch abgebildet wird.

Wir werden später sehen, daß die rotationssymmetrischen Systeme die einzigen sind, für welche *jedes* stigmatische Lichtbündel wieder in ein stigmatisches übergeführt wird. Es folgt aus unserer obigen Bemerkung, daß dann jeder Kegel von Lichtstrahlen, der die Ebenen $t = \text{const}$ in Kreisen trifft, auf einen Kegel von Lichtstrahlen, der eine ähnliche Eigenschaft besitzt, abgebildet wird.

85. Die Bilder von stigmatischen Lichtbündeln. Aus den Gleichungen (84.1) erhalten wir

$$p\,y_1 + r\,y_2 = \frac{p\,x_1}{\dfrac{t}{n}+a} + \frac{r\,x_2}{\dfrac{t}{n}+c} - \frac{p^2 u_1' + p\,q\,u_2'}{\dfrac{t}{n}+a} - \frac{r^2 u_1' + r\,s\,u_2'}{\dfrac{t}{n}+c} \, ; \qquad (85.1)$$

nachdem wir auch $q\,y_1 + s\,y_2$ auf ähnliche Weise berechnet haben, können wir mittels (84.2) die Größen x_i' als Funktionen von t, x_j und t', u_i' schreiben. Zur Abkürzung führen wir die Bezeichnungen ein

$$\left. \begin{aligned} A &= \alpha - \frac{p^2}{\dfrac{t}{n}+a} - \frac{r^2}{\dfrac{t}{n}+c} \, , \\[2ex] B &= - \frac{p\,q}{\dfrac{t}{n}+a} - \frac{r\,s}{\dfrac{t}{n}+c} \, , \\[2ex] C &= \gamma - \frac{q^2}{\dfrac{t}{n}+a} - \frac{s^2}{\dfrac{t}{n}+c} \, . \end{aligned} \right\} \qquad (85.2)$$

Da die Ausdrücke A, B, C die Dimension einer reziproken Länge haben, ist es außerdem zweckmäßig, zu setzen

$$\frac{t'}{n'} = \frac{1}{z'} \, . \qquad (85.3)$$

Dann erhalten wir

$$\left. \begin{aligned} z'\,x_1' &= (z' + A)\,u_1' + B\,u_2' + \frac{p\,x_1}{\dfrac{t}{n}+a} + \frac{r\,x_2}{\dfrac{t}{n}+c} \, , \\[2ex] z'\,x_2' &= (B\,u_1' + (z' + C)\,u_2' + \frac{q\,x_1}{\dfrac{t}{n}+a} + \frac{s\,x_2}{\dfrac{t}{n}+c} \, , \end{aligned} \right\} \qquad (85.4)$$

$$\left. \begin{aligned} y_1' &= A\,u_1' + B\,u_2' + \frac{p\,x_1}{\dfrac{t}{n}+a} + \frac{r\,x_2}{\dfrac{t}{n}+c} \, , \\[2ex] y_2' &= B\,u_1' + C\,u_2' + \frac{q\,x_1}{\dfrac{t}{n}+a} + \frac{s\,x_2}{\dfrac{t}{n}+c} \, . \end{aligned} \right\} \qquad (85.5)$$

Halten wir in den Formeln (85.4) den Punkt t, x_j fest und lassen die u_i' beliebig variieren, so stellen sie diejenige Strahlenkongruenz dar, auf welche ein stigmatisches Strahlenbündel mit dem Mittelpunkt t, x_j abgebildet wird. Diese Strahlenkongruenz besteht aus der Gesamtheit aller Geraden, die zwei reelle geradlinige Brennlinien schneiden. Es gibt nämlich Werte von z', für welche die Koeffizienten von u_1' in den beiden Gleichungen (85.4) proportional sind den Koeffizienten von u_2'.

Diese Werte werden durch die Wurzeln der quadratischen Gleichung

$$(z' + A)(z' + C) - B^2 = 0 \qquad (85.6)$$

bestimmt, die man explizite schreiben kann

$$z_i' = \frac{-(A + C) \pm \sqrt{(A - C)^2 + 4B^2}}{2}, \qquad (85.7)$$

die also immer reell sind.

Jeder der beiden Brennstrahlen ergibt sich also als Schnittgerade einer der Ebenen

$$\frac{t'}{n'} = \frac{1}{z_i'} \qquad (i = 1, 2) \qquad (85.8)$$

mit einer anderen Ebene, die man durch Elimination der u_i' aus den beiden Gleichungen (85.4) erhält, in die man für z' die ausgewählte Wurzel z_i' der Gleichung (85.6) eingesetzt hat. Die Elimination ist dann immer möglich.

Wir bezeichnen mit φ_1 und φ_2 die Winkel, die die beiden Brennstrahlen mit der x_1-Achse einschließen, und können dann schreiben

$$\operatorname{tg} \varphi_i = \frac{B}{z_i' + A} = \frac{z_i' + C}{B}. \qquad (85.9)$$

Es folgt hieraus

$$\operatorname{tg} 2\varphi_i = \frac{2B}{(z_i' + A)\left(1 - \frac{z_i' + C}{z_i' + A}\right)} = \frac{2B}{A - C}; \qquad (85.10)$$

es ist daher immer

$$\operatorname{tg} 2\varphi_1 = \operatorname{tg} 2\varphi_2, \qquad (85,11)$$

d. h. die beiden Brennstrahlen müssen aufeinander senkrecht stehen.

Eine Ausnahme bilden nur die Fälle, in denen für gewisse Werte von t gleichzeitig $B = 0$ und $A = C$ ist; diese Fälle werden weiter unten ausführlich behandelt (§ 93).

Man beachte, daß die hier beschriebene Strahlenkongruenz, obgleich sie das Bild eines stigmatischen Lichtbündels ist, keine Normalenkongruenz im gewöhnlichen Sinne des Wortes ist. Das rührt davon her, daß wir die isotropen homogenen Medien, von denen wir ausgegangen sind, durch andere ersetzt haben, für welche die Lichtausbreitung durch die Grundfunktionen (81.3) beschrieben wird. Sie sind daher feldartige Strahlenkongruenzen für diese akzessorischen Variationsprobleme, und man kann insbesondere leicht zeigen, daß jede lineare Strahlenkongruenz, deren Brennstrahlen aufeinander senkrecht stehen und in Ebenen $t' = \text{const}$ liegen, transversal (im Sinne der Variationsprobleme des § 81) durch eine Schar von Flächen geschnitten werden, die der Differentialgleichung

$$S_{t'} + \frac{1}{2\,n'}\left(S_{x_1'}^2 + S_{x_2'}^2\right) = n' \qquad (85.12)$$

genügen.

86. In den Formeln (85.2) setzen wir

$$\frac{t}{n} = z, \tag{86.1}$$

so daß z (anders als z') die Dimension einer Länge hat; wenn wir jetzt die Gleichung (85.6) entwickeln, so erhalten wir die Relation

$$\left.\begin{aligned}(z' + \alpha)\,(z' + \gamma)\,(z + a)\,(z + c) - p^2\,(z' + \gamma)\,(z + c) - q^2\,(z' + \alpha)\,(z + c) \\ - r^2\,(z' + \gamma)\,(z + a) - s^2\,(z' + \alpha)\,(z + a) + (ps - rq)^2 = 0\,.\end{aligned}\right\} \tag{86.2}$$

Diese Gleichung stellt in einer projektiven Ebene mit den Koordinaten z, z' eine Kurve vierter Ordnung dar mit je einem Doppelpunkt in den unendlich fernen Punkten der z- und der z'-Achse. Sie hat immer die Gestalt einer „Doppelhyperbel" (s. Fig. 10), außer wenn ein dritter Doppelpunkt im Endlichen vorhanden ist. Dies kann aber nur vorkommen, wenn für einen gewissen Wert von t gleichzeitig $B = 0$ und $C = A$

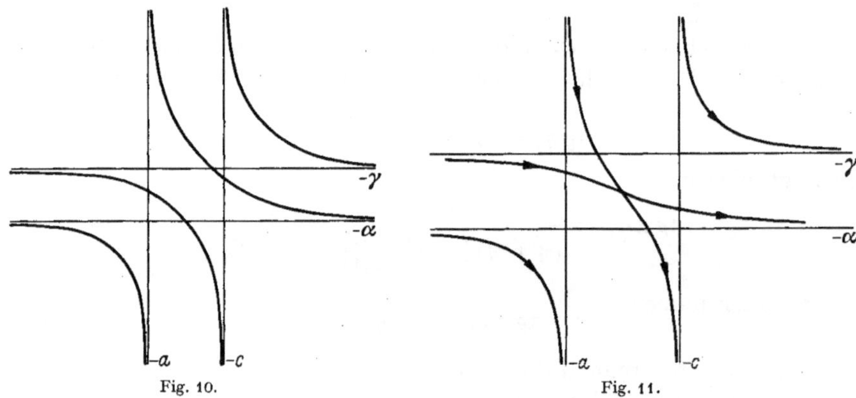

ist. In diesem Fall hat die Kurve, wenn man von weiteren Ausnahmefällen absieht, die Gestalt der Fig. 11 und ist, wie in derselben Figur durch Pfeile angedeutet wird, unikursal. Bekanntlich kann man dann diese Kurve analytisch darstellen, indem man z und z' als rationale Funktionen eines Parameters λ ansetzt. Am schnellsten findet man diese rationalen Funktionen auf folgendem Wege: damit die Kurve (86.2) einen dritten Doppelpunkt besitze, muß zwischen den Koeffizienten unserer Transformation eine Relation bestehen, die bewirkt, daß man aus der Funktion unter der Quadratwurzel in (85.7) ein vollständiges Quadrat abspalten und vor die Wurzel setzen kann. Unter der Wurzel bleibt nur noch eine quadratische Funktion von z, und man kann daher in bekannter Weise z selbst und die Quadratwurzel gleichzeitig als rationale Funktionen eines Parameters λ schreiben, durch deren Vermittlung sich dann auch z' rational ausdrücken läßt.

87. Berechnung der Invarianten. Es war das Verdienst von A. GULL-STRAND, entdeckt zu haben, daß eine schon hinreichend genaue Klassifizierung unserer linearen Strahlenabbildungen aus dem Studium des Verhaltens der Funktion

$$\operatorname{tg} 2\varphi = \frac{2B}{A-C} = -2\,\frac{pq(z+c)+rs(z+a)}{(\alpha-\gamma)(z+a)(z+c)-(p^2-q^2)(z+c)-(r^2-s^2)(z+a)} \quad (87.1)$$

entnommen werden kann. Es handelt sich hier eigentlich um die Klassifizierung des Büschels der beiden quadratischen Formen

$$Q_1 = (pq+rs)\,\zeta_1\zeta_2 + (pqc+rsa)\,\zeta_2^2, \qquad (87.2)$$

$$\left.\begin{aligned}Q_2 = (\alpha-\gamma)\,\zeta_1^2 &+ [(\alpha-\gamma)(a+c)-(p^2-q^2)-(r^2-s^2)]\,\zeta_1\zeta_2 \\ &+ [(\alpha-\gamma)\,ac-(p^2-q^2)\,c-(r^2-s^2)\,a]\,\zeta_2^2,\end{aligned}\right\} \quad (87.3)$$

die man erhält, wenn man im Zähler und Nenner von (87.1) die Größe z durch die homogenen Koordinaten $\zeta_1:\zeta_2$ ersetzt.

Dabei geht man davon aus, daß es immer ein Paar von Punkten gibt — sie können evtl. zusammenfallen oder auch imaginär sein —, die für beide quadratische Formen Q_1 und Q_2 gleichzeitig konjugiert sind. Diese beiden Punkte bestimmen eine Involution, deren Doppelpunkte sie sind und die durch die Gleichung

$$\left.\begin{aligned}(\alpha-\gamma)&\,[pq(z+c)(z_0+c)+rs(z+a)(z_0+a)] \\ &-(a-c)(ps-qr)(pr+qs) = 0\end{aligned}\right\} \quad (87.4)$$

ausgedrückt wird. Die Doppelpunkte selbst erhält man, indem man den Ausdruck

$$\psi = (\alpha-\gamma)\,[pq(z+c)^2+rs(z+a)^2] - (a-c)(ps-qr)(pr+qs) \quad (87.5)$$

gleich Null setzt. Die Diskriminante dieser letzteren quadratischen Funktion ist gleich dem Produkte von $-(\alpha-\gamma)(a-c)$ mit der Funktion

$$\Phi = (\alpha-\gamma)(a-c)\,pqrs - (ps-qr)(pq+rs)(pr+qs). \quad (87.6)$$

Da wir $a \geqq c$ und mit $a=c$ immer auch $pr+qs=0$ genommen haben (§ 83), sehen wir, daß die Doppelpunkte der Involution imaginär sind, wenn $\Phi > 0$ ist, daß sie reell sind, wenn $\Phi < 0$ ist und daß sie für $\Phi = 0$ zusammenfallen. Man bemerke übrigens, daß die Bedingung $\Phi = 0$ auch notwendig und hinreichend dafür ist, daß die quadratischen Formen Q_1 und Q_2 eine gemeinsame Nullstelle besitzen. Sie ist also auch notwendig und hinreichend dafür, daß der Ausdruck unter der Quadratwurzel in (85.7) für einen gewissen Wert von z verschwindet, und daher auch dafür, daß die Kurve vierter Ordnung (86.2) einen dritten Doppelpunkt besitzt.

Eine höhere Singularität erhält man, wenn die quadratischen Formen Q_1 und Q_2 beide vollständige Quadrate sind, die für denselben Wert von $\zeta_1:\zeta_2$ verschwinden. Diese Singularität wird durch die Gleichungen

$$\alpha = \gamma, \quad pq+rs=0, \quad p^2+r^2=q^2+s^2 \quad (87.7)$$

ausgedrückt. Es wird sich übrigens herausstellen, daß diese Singularität für die Strahlenabbildung vollkommen mit der anderen äquivalent ist, bei welcher alle Koeffizienten von Q_1 oder alle Koeffizienten von Q_2 verschwinden, ohne daß Nenner und Zähler der rechten Seite von (87.1) identisch Null werden. Endlich aber kann auch das letzte vorkommen, und die Strahlenabbildung wird bei geeigneter Wahl der Koordinaten rotationssymmetrisch (§ 97).

88. Für den Fall, daß

$$\Phi = 0 \tag{88.1}$$

ist, haben Zähler und Nenner des Ausdrucks auf der rechten Seite von (87.1) einen gemeinsamen Faktor. Durch Kürzung mit diesem Faktor erhält man

$$\operatorname{tg} 2\varphi = \frac{-2(pq+rs)^2}{(\alpha-\gamma)[pq(z+a)+rs(z+c)]-(pq+rs)(p^2-q^2+r^2-s^2)} . \tag{88.2}$$

Eliminiert man hieraus $(\alpha-\gamma)$ mit Hilfe von (88.1), so erhält man

$$\operatorname{tg} 2\varphi = -\frac{2(a-c)pqrs}{pq(s^2-r^2)(z+a)+rs(p^2-q^2)(z+c)} . \tag{88.3}$$

Der Ausdruck (88.2) kann auch für $a = c$ benutzt werden, der letzte nur für $a > c$ (s. § 92).

89. Die quadratische Funktion ψ, die wir im § 87 aufgestellt haben, hat eine bemerkenswerte geometrische Bedeutung, die mit der Gestalt der Strahlenabbildung zusammenhängt. Differentiiert man nämlich die Gleichung (87.1) nach z, so erhält man, wenn man noch beide Seiten mit $\cos^2 2\varphi$ multipliziert,

$$n\frac{d\varphi}{dt} = \frac{d\varphi}{dz} = \frac{\psi}{((A-C)^2+4B^2)(z+a)^2(z+c)^2} , \tag{89.1}$$

wobei auf der rechten Seite die Funktion ψ durch die Gleichung (87.5) definiert wird.

Nun bemerke man, daß jedes stigmatische Strahlenbündel, dessen Mittelpunkt auf der t-Achse selbst liegt, auf eine Strahlenkongruenz des Bildraumes abgebildet wird, die zwei aufeinander senkrecht stehende Strahlenbüschel enthält, deren Mittelpunkte auf der t'-Achse liegen. Diese beiden Strahlenbüschel berechnet man, wenn man in den Formeln des § 85 einmal

$$u_1' = -\varrho B, \qquad u_2' = \varrho(z_1' + A) \tag{89.2}$$

setzt und das andere Mal

$$\bar{u}_1' = -\sigma B, \qquad \bar{u}_2' = \sigma(z_2' + A). \tag{89.3}$$

Hierbei sind ϱ und σ variable Proportionalitätsfaktoren und z_1', z_2' sind die Wurzeln der Gleichung (85.6), so daß man außerdem noch hat

$$z_1' + z_2' = -(A + C), \qquad z_1' z_2' = AC - B^2. \tag{89.4}$$

Die Strahlen der beiden soeben betrachteten Büschel sind Bilder von Strahlen des stigmatischen Lichtbündels, von dem man ausgegangen ist. Die Richtungen dieser letzteren Strahlen erhält man aus den Gleichungen (84.1), in denen $x_1 = x_2 = 0$ zu setzen ist, durch die Formeln

$$y_1 = -\frac{p\,u_1' + q\,u_2'}{z + a}, \qquad y_2 = -\frac{r\,u_1' + s\,u_2'}{z + c}, \left.\begin{array}{c}\\[2ex]\\\end{array}\right\} \tag{89.5}$$
$$\bar{y}_1 = -\frac{p\,\bar{u}_1' + q\,\bar{u}_2'}{z + a}, \qquad \bar{y}_2 = -\frac{r\,\bar{u}_1' + s\,\bar{u}_2'}{z + c},$$

in welche man die Werte (89.2) und (89.3) der u_i', $\bar{u}_i'$ einsetzen muß. Es folgt hieraus, daß jedes der obigen Strahlenbüschel das Bild eines Strahlenbüschels des Objektraumes sein muß, daß aber diese beiden Büschel in Ebenen liegen, die nicht notwendig senkrecht aufeinander zu stehen brauchen. Bezeichnet man nämlich mit Θ den Winkel, den sie miteinander bilden, so hat man

$$\pm \operatorname{cotg} \Theta = \frac{y_1 \bar{y}_1 + y_2 \bar{y}_2}{y_2 \bar{y}_1 - y_1 \bar{y}_2}. \tag{89.6}$$

Durch Einsetzen der obigen Werte findet man

$$\pm \operatorname{cotg} \Theta = \frac{\psi}{(p\,s - q\,r)\,(z + a)\,(z + c)\,\sqrt{(A - C)^2 + 4\,B^2}}, \tag{89.7}$$

und hieraus erhält man durch Vergleichung mit (89.1)

$$(p\,s - q\,r)^2 \operatorname{cotg}^2 \Theta = \psi \cdot n\,\frac{d\varphi}{d t}. \tag{89.8}$$

Die Funktion ψ kann also in sehr einfacher Weise mit Hilfe von Θ und $d\varphi/dt$ ausgedrückt werden.

Die Punkte der t-Achse, für welche der soeben eingeführte Winkel $\Theta = \frac{\pi}{2}$ ist, nennt man *Orthogonalpunkte*. Die Gleichung (89.7) zeigt, daß Orthogonalpunkte im allgemeinen Falle nur vorhanden sind, wenn die Gleichung $\psi = 0$ reelle Wurzeln hat und die Gleichung (89.1) lehrt, daß es dieselben Punkte sind, für welche auch $\frac{d\varphi}{dt} = 0$ ist.

90. Bis jetzt haben wir die Bilder der stigmatischen Lichtbündel des Objektraumes betrachtet. Man kann aber auch ohne viele neue Rechnungen das analoge Problem betrachten, das man erhält, wenn man die beiden optischen Räume vertauscht. Es sollen also diejenigen Strahlenkongruenzen des Objektraumes aufgestellt werden, die auf stigmatische Bündel des Bildraumes abgebildet werden. Hierzu müssen wir die Gleichungen (84.2) nach den u_i' auflösen und die so gefundenen Werte in (84.1) einsetzen. Die gesuchten Strahlenkongruenzen werden dann mit Hilfe der Parameter y_i dargestellt. Nicht nur sind die Resultate, die man erhält, den früheren völlig analog, sondern die meisten Formeln brauchen gar nicht neu berechnet zu werden. Man erhält sie aus den alten, indem man erstens z mit z', hierauf α, γ mit a, c und schließlich q mit r vertauscht. Man darf aber hierbei nicht vergessen, daß z und z' nicht einander entsprechende geometrische Bedeutungen besitzen, da $z = \frac{t}{n}$ und $\frac{1}{z'} = \frac{t'}{n'}$ ist. Hierdurch werden einige Formeln erheblich komplizierter. Z. B. erhält die der Gleichung (87.4) entsprechende Bedingung für die Paare von gekoppelten Punkten der t'-Achse die Gestalt

$$\left.\begin{array}{l} \dfrac{t'}{n'} \cdot \dfrac{t'_0}{n'} [(a-c)(p\,r\,\gamma^2 + q\,s\,\alpha^2) - (\alpha - \gamma)(p\,s - q\,r)(p\,q + r\,s)], \\[2mm] + \left(\dfrac{t'}{n'} + \dfrac{t'_0}{n'}\right)(a-c)(p\,r\,\gamma + q\,s\,\alpha) + (a-c)(p\,r + q\,s) = 0. \end{array}\right\} \quad (90.1)$$

Diese Unsymmetrie erstreckt sich aber nicht auf die Funktion Φ, die bei den soeben angegebenen Vertauschungen invariant bleibt.

91. Tordierte und retordierte Systeme. Wir untersuchen zuerst die Fälle, bei denen $\Phi \neq 0$ ist, und bemerken, daß wir nach dem § 83 voraussetzen können, daß $\alpha > \gamma$ und $a > c$ ist. Denn mit $\alpha = \gamma$ könnte man auch $p\,q + r\,s = 0$ nehmen, und dann wäre eben $\Phi = 0$.

Für $\Phi > 0$ ist der Ausdruck $p\,q + r\,s \neq 0$, da für $p\,q + r\,s = 0$ die Funktion Φ nach (87.6) das Vorzeichen von $p\,q\,r\,s$, das notwendig negativ ist, annehmen müßte. Die Funktion ψ behält für alle Werte von z das Vorzeichen von $(\alpha - \gamma)(p\,q + r\,s)$. Nach (89.1) ist daher auch $d\varphi/dt$ immer eines Vorzeichens, und da $\mathrm{tg}\,2\varphi$ gegen Null strebt, wenn $|z|$ unendlich groß wird und außerdem genau eine Nullstelle für

$$z = -\frac{p\,q\,c + r\,s\,a}{p\,q + r\,s} \qquad (91.1)$$

besitzt, muß der Winkel 2φ von 0 bis 2π (bzw. -2π) variieren, wenn t die t-Achse beschreibt; der Winkel φ selbst nimmt für $\psi > 0$ von Null bis π monoton zu und für $\psi < 0$ monoton ab im Intervall von Null bis $-\pi$.

Die Strahlenabbildung heißt daher in diesem Falle $\Phi > 0$ nach GULLSTRAND *tordiert*.

Für $\Phi < 0$ gilt nicht mehr notwendig $p\,q + r\,s \neq 0$. Wir wollen aber zunächst — das ist der allgemeine Fall — voraussetzen, daß diese Ungleichheit auch hier erfüllt sei. Dann ist wieder $\mathrm{tg}\,2\varphi = 0$ im Punkte (91.1), aber $d\varphi/dt$ hat nach (89.1) immer dasselbe Vorzeichen wie ψ und hat daher in diesem Punkte ein Vorzeichen, das demjenigen, welches es für große Werte von $|t|$ annimmt, entgegengesetzt ist. Ist dieses letzte Vorzeichen z. B. positiv, so findet man leicht folgendes: Wenn der Mittelpunkt des stigmatischen Bündels die t-Achse beschreibt, so wächst der Winkel φ von Null bis zu einem positiven Maximum, das jedenfalls $< \dfrac{\pi}{2}$ ist, hierauf nimmt er bis zu einem negativen Minimum $> -\dfrac{\pi}{2}$ ab, um schließlich wieder monoton zu wachsen und gegen Null zu konvergieren.

Das System heißt dann *retordiert*. Die Punkte der t-Achse, für welche $\dfrac{d\varphi}{dt} = 0$ ist und also gleichzeitig $\psi = 0$ ist, sind die beiden

Orthogonalpunkte des § 89. Die Schwankung des Winkels φ zwischen seinem Maximum und seinem Minimum ist immer kleiner als π.

Auch dem bisher ausgeschlossenen speziellen Fall

$$pq + rs = 0, \quad a > c, \quad \alpha > \gamma$$

entspricht ein retordiertes System. Dann liegt nämlich eine der Wurzeln von $\psi = 0$ im Unendlichen, und das Maximum oder das Minimum von φ wird für $t = \infty$ erreicht.

Wir verzichten auf ein näheres Studium der tordierten und der retordierten Systeme. Bei einem solchen Studium müßte man noch eine Reihe von spezielleren Unterklassen absondern und untersuchen. Z. B. müßten die Fälle genau beschrieben werden, bei welchen Identitäten zwischen den Richtungskomponenten y_j und y_i' bestehen; letzteres kommt nämlich vor, wenn α oder γ (aber nicht beide) verschwinden.

92. Semitordierte Systeme. Wir nehmen nun an, daß die durch (87.6) definierte Invariante Φ verschwindet, ohne daß die Funktion $\mathrm{tg}\,2\varphi$ eine Konstante ist.

Wir bemerken zunächst, daß dann sicher

$$pqrs \neq 0 \tag{92.1}$$

sein muß. Wäre nämlich z. B. $q = 0$, so müßte nach (87.6)

$$\Phi = -p^2 s^2 r^2 = 0, \tag{92.2}$$

sein, und nach (83.6) ist $ps \neq 0$. Es müßte also notwendig auch $r = 0$ sein, und $\mathrm{tg}\,2\varphi$ wäre konstant, nämlich Null.

Zweitens kann nicht gleichzeitig

$$pq + rs = 0, \quad pr + qs = 0 \tag{92.3}$$

sein. Denn man erhält durch Addition dieser beiden Gleichungen $(p + s)(q + r) = 0$, und es ist daher entweder $q = -r$, $p = s$ oder $q = r$, $p = -s$. Außerdem muß, wegen $\Phi = 0$, entweder $\alpha = \gamma$ oder $a = c$ sein. Für jede einzelne dieser Voraussetzungen ist aber $\mathrm{tg}\,2\varphi$ konstant.

Drittens verifiziert man auf ähnlicher Weise, daß $\mathrm{tg}\,2\varphi$ konstant ist, wenn entweder gleichzeitig

$$pq + rs = 0 \quad a = c \tag{92.4}$$

oder gleichzeitig

$$pr + qs = 0 \quad \alpha = \gamma \tag{92.5}$$

ist.

Ist also $\Phi = 0$, ohne daß φ konstant wird, so bleiben nur die drei folgenden Möglichkeiten übrig

$$(pq + rs) \neq 0, \quad (pr + qs) \neq 0, \quad a > c, \quad \alpha > \gamma, \tag{92.6}$$

$$pq + rs = 0, \quad pr + qs \neq 0, \quad a > c, \quad \alpha = \gamma, \tag{92.7}$$

$$pq + rs \neq 0, \quad pr + qs = 0, \quad a = c, \quad \alpha > \gamma. \tag{92.8}$$

In jedem dieser drei Fälle kann $\operatorname{tg} 2\varphi$ durch mindestens eine der beiden äquivalenten Formeln (88.2) und (88.3) dargestellt werden.

Es folgt hieraus, daß sich, wie bei tordierten Systemen, die durch die *t*-Achse und eine der Brennlinien gehenden Ebenen in *einem* Sinne drehen, wenn der Mittelpunkt des stigmatischen Lichtbündels die *t*-Achse beschreibt, daß aber der Winkel 2φ hierbei nur um π wächst oder abnimmt.

Der Winkel φ selbst ändert sich also um $\pi/2$, das ist genau die Hälfte der Änderung, die bei tordierten Systemen vorkommt, und das System heißt deshalb *semitordiert*.

93. Bei semitordierten Systemen spielt der Punkt

$$\frac{t}{n} = z = -\,\frac{pqc + rsa}{pq + rs} \tag{93.1}$$

eine besondere Rolle. Für diesen Punkt hat man nämlich gleichzeitig $B = 0$ und $A = C$ (§ 87). Zähler und Nenner der rechten Seite von (87.1) verschwinden. Endlich hat die Gleichung (85.6) eine Doppelwurzel

$$z' = -A = -\alpha + \frac{(pq+rs)(ps-qr)}{(a-c)\,qs} = -\gamma - \frac{(pq+rs)(ps-qr)}{(a-c)\,pr}. \tag{93.2}$$

Setzt man diese Werte von z und z' in (85.4) ein, so findet man

$$\left.\begin{aligned}
[(pq+rs)(ps-qr) - \alpha(a-c)qs]\,x_1' &= (pq+rs)(sx_1 - qx_2)\,, \\
[(pq+rs)(ps-qr) + \gamma(a-c)pr]\,x_2' &= (pq+rs)(-rx_1 + px_2).
\end{aligned}\right\} \tag{93.3}$$

Aus diesen letzten Gleichungen folgt, daß die Abbildung aller stigmatischen Bündel, deren Mittelpunkte in der Ebene (93.1) liegen, *stigmatisch* ist. Gleichzeitig haben wir aber auch die Formeln erhalten, durch welche die Abbildung der beiden Ebenen, die durch entsprechende stigmatische Lichtbündel ineinander transformiert werden, charakterisiert wird.

Wir sind jetzt auch in der Lage zu verstehen, wie die tordierten und die semitordierten Strahlenabbildungen stetig ineinander übergeführt werden können, trotzdem die Schwankung von φ scheinbar sprunghaft von π auf $\pi/2$ reduziert wird. Wenn nämlich die Invariante $\Phi > 0$ ist und stetig abnehmend gegen Null konvergiert, so gibt es Paare von gekoppelten Punkten, d. h. von Punkten, die durch die Involution (87.4) ineinander transformiert werden, die gegen einen und denselben Punkt konvergieren. Der Winkel φ wächst um $\pi/2$, wenn der Mittelpunkt des stigmatischen Bündels das kleine Intervall beschreibt, das die beiden gekoppelten Punkte verbindet. Da aber die beiden Brennlinien senkrecht aufeinander stehen, so ist die Figur, die aus beiden Brennlinien besteht, nach dem Durchlauf des kleinen Intervalls in eine andere übergegangen, die nur unmerklich von der ersten verschieden ist. In der Grenze ist es nicht mehr möglich, festzustellen, ob die Drehung um den Winkel $\pi/2$ stattgefunden hat oder nicht.

Der Zusammenhang zwischen semitordierten und retordierten Systemen kann ganz ähnlich erklärt werden, wenn man benutzt, daß der Unterschied zwischen dem Maximum und dem Minimum von φ in der Grenze gegen $\pi/2$ konvergiert.

94. Es gibt drei verschiedene Arten von semitordierten Systemen, je nachdem die Ebenen, die durch entsprechende stigmatische Lichtbündel aufeinander abgebildet werden, beide im Endlichen liegen oder eine von ihnen oder schließlich alle beide im Unendlichen.

Die semitordierten Systeme erster Art erhalten wir aus den Gleichungen (83.7) und (83.8), indem wir verlangen, daß die Bedingungen $u_1' = u_2' = 0$ die weiteren Bedingungen $u_1 = u_2 = 0$ nach sich ziehen. Wir müssen also schreiben

$$a = 0, \quad c = 0, \tag{94.1}$$

und nach dem § 83 können wir dann die Koordinaten immer so wählen, daß

$$pr + qs = 0 \tag{94.2}$$

sei. Nach (87.1) haben wir jetzt

$$\operatorname{tg} 2\varphi = -\frac{2(pq + rs)}{(\alpha - \gamma)z - (p^2 - q^2) - (r^2 - s^2)}, \tag{94.3}$$

und diese Funktion von z ist nur dann keine Konstante, wenn

$$pq + rs \neq 0, \quad \alpha > \gamma \tag{94.4}$$

ist.

Ganz ähnlich sind die semitordierten Systeme dritter Art zu behandeln, die teleskopisch sind. Man findet die Bedingungen

$$\alpha = \gamma = 0, \quad pq + rs = 0, \tag{94.5}$$

$$a > c, \quad pr + qs \neq 0. \tag{94.6}$$

Die semitordierten halbteleskopischen Systeme sind ein wenig komplizierter zu berechnen. Wir müssen verlangen, daß aus $u_1 = u_2 = 0$ folgt $y_1' = y_2' = 0$. Aus (83.8) findet man für $u_1 = u_2 = 0$

$$(ps - qr)u_1' = -asy_1 + cqy_2, \quad (ps - qr)u_2' = ary_1 - cpy_2. \tag{94.7}$$

Setzt man diese Größen in die rechten Seiten der Gleichungen (83.7) ein und verlangt, daß die Koeffizienten von y_1 und y_2 verschwinden, so erhält man

$$\left.\begin{array}{ll} -\alpha as + (ps - qr)p = 0, & \alpha cq + (ps - qr)r = 0, \\ \gamma ar + (ps - qr)q = 0, & -\gamma cp + (ps - qr)s = 0. \end{array}\right\} \tag{94.8}$$

Es folgt zuerst, daß alle Größen α, γ, a und c von Null verschieden sein müssen, und dann auch, daß die Gleichungen (94.8) nur dann miteinander verträglich sind, wenn

$$pqc + rsa = 0 \tag{94.9}$$

ist. Da nach (92.1) die Bedingung $pqrs \neq 0$ besteht, kann man also schreiben, wenn λ einen von Null verschiedenen Parameter bedeutet,

$$a = \lambda pq, \quad c = -\lambda rs, \quad \alpha = \frac{ps - qr}{\lambda sq}, \quad \gamma = -\frac{ps - qr}{\lambda pr}. \tag{94.10}$$

Schließlich findet man, daß nach (87.1) die Funktion $\operatorname{tg} 2\varphi$ dann und nur dann nicht konstant ist, wenn gleichzeitig

$$pq + rs \neq 0, \qquad pr + qs \neq 0 \tag{94.11}$$

sind. Diese letzten Gleichungen sind gleichbedeutend mit den folgenden

$$a \neq c, \qquad \alpha \neq \gamma. \tag{94.12}$$

95. Orthogonale Systeme. Wir betrachten nun den Fall, daß φ für alle Werte von t einen konstanten, wohlbestimmten Wert besitzt.

Ist $\alpha > \gamma$, so ist nach (87.1) die Funktion $\operatorname{tg} 2\varphi$ nur dann konstant, wenn sie identisch verschwindet. Dies liefert die Bedingungen

$$pq + rs = 0, \qquad pqc + rsa = 0, \tag{95.1}$$

woraus man schließt, daß entweder

$$pq = 0, \qquad rs = 0 \tag{95.2}$$

oder $a = c$ sein muß. Bei der zweiten Annahme sind aber die Bedingungen (95.2) ebenfalls erfüllt. Denn im Falle $a = c$ kann man die Koordinaten immer so wählen, daß von vornherein $q = 0$ ist (§ 83). Dann erhält die Gleichung (87.1) die Gestalt

$$\operatorname{tg} 2\varphi = \frac{-2rs}{(\alpha - \gamma)(z + a) - (p^2 + r^2 - s^2)},$$

und $\operatorname{tg} 2\varphi$ ist also nur dann konstant, wenn $rs = 0$ ist.

Ist zweitens $\alpha = \gamma$, so kann man wieder $q = 0$ voraussetzen, und man hat

$$\operatorname{tg} 2\varphi = \frac{2rs(z + a)}{p^2(z + c) + (r^2 - s^2)(z + a)}. \tag{95.3}$$

Aus (83.6) folgt aber hier $ps \neq 0$, und die rechte Seite von (95.3) ist infolgedessen nur dann konstant, wenn entweder $rs = 0$ oder $a = c$ ist. Im letzteren Fall kann man nach dem § 83 die Koordinaten wieder so wählen, daß $q = 0$, $r = 0$ ist. In beiden Fällen sind also auch hier die Gleichungen (95.2) erfüllt.

Die Bedingung dafür, daß $\operatorname{tg} 2\varphi$ konstant sei, kann infolgedessen immer in der Gestalt (95.2) geschrieben werden. Wegen $ps - qr \neq 0$ kann man diese Bedingung nach eventueller Drehung des einen der Koordinatensysteme um $90°$, wenn man will, in der Gestalt schreiben

$$q = 0, \qquad r = 0. \tag{95.4}$$

Man kann dann aber nicht mehr voraussetzen, daß gleichzeitig $\alpha \geqq \gamma$ und $a \geqq c$ ist.

Die Gleichungen (84.1) und (84.2) haben jetzt die Gestalt

$$\left. \begin{aligned} x_1 &= \left(a + \frac{t}{n}\right)y_1 + pu_1', & x_2 &= \left(c + \frac{t}{n}\right)y_2 + su_2', \\ x_1' &= \left(1 + \alpha\frac{t'}{n'}\right)u_1' + py_1\frac{t'}{n'}, & x_2' &= \left(1 + \gamma\frac{t'}{n'}\right)u_2' + sy_2\frac{t'}{n'}, \end{aligned} \right\} \tag{95.5}$$

aus der folgt, daß die Strahlenabbildung in diesem Fall zwei Symmetrieebenen besitzt. Außerdem ist nach (87.5) die Funktion ψ identisch Null, woraus folgt (§ 89), daß *alle* Punkte der t-Achse Orthogonalpunkte sind. Die Gleichungen (85.2) haben hier die Gestalt

$$A = \alpha - \frac{p^2}{z+a}, \qquad B = 0, \qquad C = \gamma - \frac{s^2}{z+c}; \qquad (95.6)$$

die Lösungen der Gleichung (85.6) können rational geschrieben werden, weil die Kurve vierter Ordnung des § 86 in ein Produkt von zwei Hyperbeln zerfällt.

96. Da B identisch verschwindet, reduziert sich die Bedingung dafür, daß die Abbildung stigmatisch sei, auf $A = C$, was auch geschrieben werden kann

$$(\alpha - \gamma)(z + a)(z + c) - p^2(z + c) + s^2(z + a) = 0. \qquad (96.1)$$

Die Diskriminante dieser quadratischen Gleichung lautet

$$\Psi = ((\alpha - \gamma)(a - c) - (p + s)^2)((\alpha - \gamma)(a - c) - (p - s)^2). \qquad (96.2)$$

Ist $\Psi < 0$, so sind beide Wurzeln der Gleichung (96.1) imaginär, und es gibt keine stigmatischen Punkte. Ist $\Psi = 0$, so gibt es einen stigmatischen Punkt, der doppelt zu zählen ist, und für $\Psi > 0$ ist ein Paar von stigmatischen Punkten vorhanden.

Man kann für den Fall, daß zwei einander entsprechende stigmatische Punkte im Endlichen liegen, die Anfangspunkte der Koordinaten so wählen, daß das eine Paar mit den Punkten $t = 0$, $t' = 0$ zusammenfällt. Es muß dazu

$$a = 0, \qquad c = 0 \qquad (96.3)$$

genommen werden, und das zweite Punktepaar besitzt dann die Abszissen

$$\frac{t}{n} = \frac{p^2 - s^2}{\alpha - \gamma}, \qquad \frac{t'}{n'} = -\frac{p^2 - s^2}{p^2\gamma - s^2\alpha}. \qquad (96.4)$$

Die Abbildung der stigmatischen Ebenen im Falle des zuerst betrachteten Paares von stigmatischen Punkten wird durch die Formeln

$$x_1' = \frac{x_1}{p}, \qquad x_2' = \frac{x_2}{s}, \qquad t' = t = 0 \qquad (96.5)$$

dargestellt.

Die Bedingung dafür, daß das Punktepaar (96.4) mit dem ersten zusammenfällt, wird durch

$$p^2 = s^2, \qquad \alpha \neq \gamma \qquad (96.6)$$

ausgedrückt; die Abbildung (96.5) ist dann rotationssymmetrisch.

Ist die Strahlenabbildung für das eine Paar von entsprechenden stigmatischen Ebenen halbteleskopisch, so muß etwa aus $z = 0$ folgen $A = C = 0$. Dies liefert nach (95.6) die Bedingung

$$\alpha = \frac{p^2}{a}, \qquad \gamma = \frac{s^2}{c}, \qquad (96.7)$$

und an Stelle der Beziehungen (96.5) müssen wir jetzt schreiben

$$y_1' = \frac{p}{a}\,x_1, \qquad y_2' = \frac{s}{c}\,x_2, \qquad \frac{1}{t'} = t = 0. \qquad (96.8)$$

Die Bedingung dafür, daß mit den Werten (96.7) neben dem konstanten Gliede auch der Koeffizient von z in (96.1) verschwinde, lautet

$$p^2 c^2 - s^2 a^2 = 0. \tag{96.9}$$

Es folgt hieraus wieder, daß das Bestehen einer Doppelwurzel der Gleichung (96.1) durch die Rotationssymmetrie der Abbildung (96.8) ausgedrückt werden kann.

Wenn endlich die Strahlenabbildung für das eine Paar zugeordneter stigmatischer Ebenen teleskopisch ist, so muß man schreiben

$$\alpha = \gamma = 0, \qquad y_1' = p y_1, \qquad y_2' = s y_2,$$

und die Rotationssymmetrie hat dieselbe Bedeutung wie zuvor.

97. Die Gaussschen Systeme. Die Ausführungen des vorigen Paragraphen verlieren ihre Bedeutung, wenn alle Koeffizienten der Gleichung (96.1) verschwinden. Damit dies der Fall sei, muß man haben

$$\alpha = \gamma, \qquad a = c, \qquad p^2 = s^2, \tag{97.1}$$

und man kann sogar, indem man evtl. noch eine Spiegelung an einer der Koordinatenebenen vornimmt, immer erreichen, daß die letzte der Gleichungen (97.1) ersetzt wird durch

$$p = s. \tag{97.2}$$

Nach dem § 83 ist dann die Strahlenabbildung selbst (nicht nur die Punktabbildung in den stigmatischen Ebenen des vorigen Paragraphen) *rotationssymmetrisch*, und wir haben den klassischen Fall vor uns, den Gauss in einer berühmten Abhandlung zuerst untersucht hat[71]. Aber viel wichtiger als diese Rotationssymmetrie ist die Tatsache, daß hier *jedes* stigmatische Strahlenbündel wieder in ein stigmatisches Strahlenbündel übergeführt wird und daß die beiden optischen Räume kollinear aufeinander abgebildet werden.

Unsere Diskussion zeigt ferner, daß hier auch die Umkehrung dieses Resultates gilt: *Wenn eine lineare Strahlenabbildung die Eigenschaft hat, daß jedes stigmatische Strahlenbündel wieder in ein stigmatisches Strahlenbündel transformiert wird, d. h. wenn das Instrument im Sinne des § 69 vollkommen ist, dann muß die lineare Strahlenabbildung rotationssymmetrisch, d. h. eine Gausssche Strahlenabbildung sein.*

Die Gleichungen (83.7) und (83.8) haben hier die einfache Gestalt

$$y_i' = \alpha u_i' + p y_i, \qquad u_i = a y_i + p u_i' \qquad (i = 1, 2). \tag{97.3}$$

Man hat ferner mit den Bezeichnungen des § 85

$$A = C = \alpha - \frac{p^2}{\dfrac{t}{n} + a}, \qquad B = 0, \tag{97.4}$$

und an Stelle der Gleichung (85.6) kann man jetzt schreiben

$$(z' + \alpha)(z + a) = p^2. \tag{97.5}$$

---

[71] Gauss, C. F.: Dioptrische Untersuchungen. Abh. Ges. Wiss. Göttingen Bd. 1 (1843) S. 1—34. Werke Bd. 5 S. 243—276.

Für die kollineare Beziehung der beiden optischen Räume erhält man
also aus (85.6) und (85.4)

$$\frac{t'}{n'} = \frac{\dfrac{t}{n} + a}{p^2 - \alpha\left(\dfrac{t}{n} + a\right)}, \qquad x'_i = \frac{p\,x_i}{p^2 - \alpha\left(\dfrac{t}{n} + a\right)}, \qquad (97.6)$$

und es gelten außerdem die Gleichungen

$$y'_i = \frac{\alpha}{p}\left(x_i - \frac{t}{n}\,y_i\right) + p\,y_i. \qquad (97.7)$$

Alle diese Formeln können in bekannter Weise vereinfacht werden, indem man die Anfangspunkte der t- und der t'-Achse verschiebt.

98. Da wir bei der Gaußschen Abbildung ein vollkommenes Instrument vor uns haben, gilt der Satz des § 69. Es muß also eine Relation gelten, die die Gestalt hat

$$n'\left(1 + \frac{1}{2}\left(\frac{dx'_1}{dt'}\right)^2 + \frac{1}{2}\left(\frac{dx'_2}{dt'}\right)^2\right)dt' - n\left(1 + \frac{1}{2}\left(\frac{dx_1}{dt}\right)^2 + \frac{1}{2}\left(\frac{dx_2}{dt}\right)^2\right)dt = d\Psi, \quad (98.1)$$

worin Ψ eine Funktion von t, x_1, x_2, ist und die identisch erfüllt sein muß, wenn t' und die x'_i durch die Werte (97.6) ersetzt werden.

Um die Funktion Ψ zu berechnen, bemerke man, daß nach (81.2) und (81.4)

$$-H\,dt + y_1\,dx_1 + y_2\,dx_2 = d\Omega + y_1\,du_1 + y_2\,du_2 \qquad (98.2)$$

ist, wobei

$$\Omega = nt + \frac{y_1^2 + y_2^2}{2}\cdot\frac{t}{n} \qquad (98.3)$$

genommen werden muß; eine analoge Formel gilt für den zweiten optischen Raum. Aus den Gleichungen (97.3) folgt ferner

$$y'_i\,du'_i - y_i\,du_i = d\mathsf{X} \qquad (98.4)$$

mit

$$\mathsf{X} = \frac{\alpha}{2}\,(u_1'^2 + u_2'^2) - \frac{a}{2}\,(y_1^2 + y_2^2). \qquad (98.5)$$

Dann erhält man Ψ durch den Ansatz

$$\Psi = \Omega' - \Omega + \mathsf{X}. \qquad (98.6)$$

Man drückt dabei die rechte Seite zunächst als Funktion von t', t, x_i und y_i aus. Dabei verschwinden die Koeffizienten der y_i, wenn zwischen t' und t die erste Gleichung (97.6) besteht, und man erhält

$$2\,\Psi = 2\,(n't' - nt) + \alpha\left(\alpha\,\frac{t'}{n'} + 1\right)\frac{x_1^2 + x_2^2}{p^2}, \qquad (98.7)$$

was auch geschrieben werden kann

$$2\,\Psi = \frac{2\left(\dfrac{t}{n} + a\right)(n'^2 + n\alpha t) - 2np^2 t + \alpha\,(x_1^2 + x_2^2)}{p^2 - \alpha\left(\dfrac{t}{n} + a\right)}. \qquad (98.8)$$

Die Differenz der optischen Längen von zwei beliebigen Kurven, die durch die Transformation (97.6) aufeinander abgebildet werden, hängt, wenn man diese Längen aus den Grundfunktionen (81.3) berechnet, nur von den Endpunkten der Kurven ab. Liegen z. B. die Endpunkte der

Kurve des Objektraumes auf einer und derselben der Flächen zweiter Ordnung $\Psi = \text{const}$, so haben beide Kurven die gleiche optische Länge.

Der Grund, weshalb die Schlußweise des § 71 hier nicht angewendet werden kann, ist darin zu suchen, daß Kurven, die in einer Ebene $t = \text{const}$ liegen, eine unendliche optische Länge haben müssen.

99. Schlußbetrachtungen. In der Praxis werden nur rotationssymmetrische Instrumente gebaut. Es scheint also, daß die Betrachtung dioptrischer Systeme, die nicht rotationssymmetrisch sind, völlig überflüssig ist. Dies ist aber nicht der Fall. Denn wenn man die Strahlenabbildung in der Nähe eines Strahles studieren will, der nicht mit der Rotationsachse des Instruments selbst zusammenfällt, muß man bereits orthogonale Systeme betrachten, wenn der Strahl die Achse schneidet. Liegt aber der Strahl windschief zur Rotationsachse, so hat man es sogar mit allgemeinen Systemen zu tun.

Eine zweite Bemerkung, die unsere ausführliche Behandlung der Theorie der ersten Annäherung der Strahlenabbildung rechtfertigt, ist folgende. Wenn man die Strahlenabbildung in homogenen isotropen Medien untersucht, so entspricht jedem stigmatischen Strahlenbündel des Objektraumes eine Strahlenkongruenz mit zwei reellen Brennflächen. Einem Linienelement des Mittelpunktes des stigmatischen Bündels entspricht auf jeder dieser Brennflächen ein Linienelement, und zwar liegen diese beiden letzteren Linienelemente auf einem und demselben Strahl der Kongruenz, nämlich dem Strahl des Bildraumes, der durch das Linienelement des Objektraumes festgelegt wird. Ihre Lage kann also, wenn man zum akzessorischen Problem übergeht, durch die Gleichung (85.6) berechnet werden.

Läßt man nun das Linienelement des Objektraumes längs eines Strahles gleiten, so ändern sich dabei die Werte der Koeffizienten α, γ, a, c, p, q, r, s nicht; man kann infolgedessen, wenn man einen bestimmten Strahl des Objektraumes auswählt, den Mittelpunkt des stigmatischen Bündels aber auf ihm vorläufig nicht festlegt, gleichwohl auf dem zugehörigen Bildstrahl die jeweiligen Berührungspunkte der Brennflächen für eine beliebige Lage des Mittelpunktes des stigmatischen Objektstrahlenbündels bereits dann immer berechnen, wenn man genügend Daten beisammen hat, um die Kurve vierter Ordnung des § 86 zu bestimmen.

Man wird sich nicht wundern, daß derartige Gesetzmäßigkeiten für die Verteilung der Brennflächen vorhanden sind, wenn man bedenkt, daß dieses Resultat dem wohlbekannten Theorem ganz analog ist, nach welchem die Tangentialebenen längs einer Erzeugenden einer beliebigen Regelfläche überall eindeutig bestimmt sind, wenn man sie für drei Stellen der Erzeugenden kennt.

Druck der Spamer A.-G. in Leipzig.

ERGEBNISSE DER MATHEMATIK
UND IHRER GRENZGEBIETE

HERAUSGEGEBEN VON DER SCHRIFTLEITUNG

DES

„ZENTRALBLATT FÜR MATHEMATIK"

VIERTER BAND

MIT 11 FIGUREN

BERLIN

VERLAG VON JULIUS SPRINGER

1937

Inhaltsverzeichnis.